CATALOGUE

DES

OISEAUX

OBSERVÉS

DANS LE DÉPARTEMENT DE LA COTE-D'OR

PAR LE Dr LOUIS MARCHANT

Conservateur du Musée d'Histoire naturelle de Dijon.

DIJON

MANIÈRE-LOQUIN, LIBRAIRE ÉDITEUR

22, Place d'Armes, 22.

—

1869

CATALOGUE DES OISEAUX

DANS LE DÉPARTEMENT DE LA COTE-D'OR

CATALOGUE

DES

OISEAUX

OBSERVÉS

DANS LE DÉPARTEMENT DE LA COTE-D'OR

PAR LE Dʳ LOUIS MARCHANT

Conservateur du Musée d'Histoire naturelle de Dijon.

DIJON

MANIÈRE-LOQUIN, LIBRAIRE ÉDITEUR

22, Place d'Armes, 22.

1869

Extrait des Mémoires de l'Académie de Dijon, *tome XV*, 1868.

Tiré à 250 exemplaires

CATALOGUE DES OISEAUX

OBSERVÉS

DANS LE DÉPARTEMENT DE LA COTE-D'OR

INTRODUCTION

Aucun travail d'ensemble n'a encore été publié sur l'ornithologie de la Côte-d'Or. Tout ce qui a été écrit sur cette partie de l'histoire naturelle consiste :

1° Dans les observations faites en Bourgogne par Buffon et Gueneau de Montbeillard, et imprimées dans l'*Histoire naturelle, générale et particulière*, avec la description du cabinet du roi, 18 vol. in-12, 1752-1785 (1);

2° Dans une série d'articles publiés par M. du Seuil, d'Is-sur-Tille, dans le *Spectateur* de Dijon des années 1835 et 1836;

---

(1) C'est à cette édition que se rapportent les renvois que l'on trouvera dans le cours de cette notice.

3° Dans une note sur le Martin roselin, par **M.** le docteur Vallot, et insérée dans les *Mémoires de l'Académie de Dijon* pour 1836 ;

4° Dans deux ouvrages publiés par M. Anatole Carteron, le premier en 1866, sous le titre de *Premières Chasses*, papillons et oiseaux, et l'autre, en 1868, sous celui de *Causeries sur l'histoire naturelle*. Plusieurs chapitres de ces deux volumes sont consacrés aux oiseaux.

J'ai mis à contribution ces travaux imprimés.

Quant aux autres sources où j'ai puisé, je mentionnerai en première ligne l'ébauche manuscrite d'un catalogue des vertébrés de la Côte-d'Or, par mon savant prédécesseur M. Nodot. J'ai trouvé dans ce travail quelques indications précieuses.

Je citerai encore spécialement les notes sur le jean-le-blanc, que je dois à l'obligeance d'un excellent observateur, feu M. Couturier, garde particulier à Tarsul.

Je dois aussi de nombreux renseignements à M. Belin, préparateur au Musée d'histoire naturelle de la ville, qui a bien voulu, à mon intention, faire appel à ses souvenirs de chasses avec un ornithologiste des plus distingués, **M.** Lacordaire, alors inspecteur des lignes télégraphiques à Dijon.

J'ai pensé qu'il était temps de réunir ces notes imprimées et manuscrites, les observations qui m'ont été communiquées par diverses personnes, celles enfin que j'ai pu faire moi-même.

C'est, je crois, le meilleur moyen d'en provoquer de nouvelles, et d'arriver ainsi à rédiger un catalogue plus complet et plus exact des espèces qui habitent ou visitent notre département.

Je prie donc instamment les naturalistes, les chasseurs, et toutes les personnes qu'intéresse cette branche si attrayante de l'histoire naturelle, de vouloir bien m'adresser tous les faits qu'ils pourraient observer, certains détails de

mœurs encore inconnus, l'époque de l'arrivée des espèces qui viennent chaque année dans notre pays pour la nidification, de celles qui ne s'y reproduisent qu'accidentellement ou qui ne font que le traverser chaque année, ou à des intervalles irréguliers, et enfin l'apparition d'oiseaux tout à fait étrangers à notre zone, en notant les diverses circonstances qui ont pu les y amener.

S'il m'est donné alors de publier une seconde édition de cet essai, je me ferai toujours, comme aujourd'hui, un devoir de citer les noms de tous ceux qui auront bien voulu répondre à cet appel en me communiquant leurs observations.

Jetons maintenant un coup d'œil d'ensemble sur la faune ornithologique de la Côte-d'Or comparée à celles de l'Europe et des autres départements.

Constatons d'abord qu'on est loin de s'entendre sur le nombre des espèces d'oiseaux répandus à la surface du globe.

Les uns, prenant pour base la riche collection ornithologique du Musée de Berlin, admettent 6,000 espèces d'oiseaux; les autres, comme Lesson, portent ce nombre à 6,266; d'autres enfin, comme Gray, auteur de l'*Histoire naturelle du Chili*, ne l'estiment pas à moins de 8,000. C'est ce dernier chiffre qui paraît être le plus vraisemblable (1).

Dans ce total approximatif, l'Europe figure pour 531 espèces d'après la 2e édition de l'*Ornithologie européenne* du docteur Degland, publiée par M. L. Gerbe, en 1867.

Sur ces 531 espèces, 274 ont déjà été observées dans la Côte-d'Or.

Les catalogues des départements voisins donnent les chiffres suivants :

---

(1) Hœfer, *Les Saisons*, 2e série, 1868 ; p. 299.

Jura (par le Frère Ogérien, 1863), 291 espèces.

Doubs (par E. Brocard, 1857), 199 espèces.

Doubs, arrondissement de Montbéliard (par A. Sahler, 1864), 246 espèces.

Yonne (par le docteur Bert, 1864), 215 espèces.

Aube (par J. Ray, 1843), 242 espèces.

Comme on le voit, la Côte-d'Or l'emporte jusqu'à ce jour, car le catalogue du Frère Ogérien embrasse non seulement le département du Jura, mais les départements voisins tels que l'Ain, le Doubs, la Haute-Saône et Saône-et-Loire.

Il est juste de faire observer cependant que deux de ces faunes, celles de l'Aube et du Doubs, datent déjà d'un certain nombre d'années, et que refaites aujourd'hui, leur total serait certainement plus considérable.

En se plaçant à un point de vue plus général, c'est-à-dire en comparant le chiffre auquel je suis arrivé à ceux fournis par les catalogues de faunes locales que j'ai pu me procurer, on trouve que sous le rapport ornithologique, la Côte-d'Or est un des départements les plus favorisés.

La Côte-d'Or est divisée en deux parties à peu près égales par la chaîne de montagnes qui lui donne son nom. L'une est la région de la plaine, l'autre celle de la montagne.

La première, la *Plaine*, est traversée par la Saône. Cette rivière est une des grandes voies que suivent, dans leurs voyages périodiques, les échassiers et les palmipèdes. Diverses espèces retenues par les nombreux étangs de cette région, s'y reproduisent chaque année.

L'autre partie, la *Montagne*, est caractérisée de son côté par des espèces qui lui sont aussi tout à fait spéciales. Parmi celles-ci, je citerai : le grand-duc et le choucas dans les rochers de nos combes les plus sauvages ; le merle de roche, sur le penchant des colines de la Côte ; le cincle plongeur, dans le voisinage des ruisseaux de nos vallées étroites; l'œdicnème criard, sur les plateaux gazonnés de nos montagnes.

On ne sera pas étonné de nos richesses ornithologiques en remarquant qu'à cette heureuse disposition du sol vient se joindre, pour certaines espèces d'oiseaux, le précieux avantage de vastes forêts, qui font de notre département l'un des plus boisés de la France.

Jadis le goût de l'histoire naturelle, et partant celui des collections, était des plus répandus dans notre département et à Dijon en particulier.

Pour ne pas sortir du sujet que je traite aujourd'hui, je ne citerai que les collections d'oiseaux dont on comptait six ou sept dans notre ville seulement.

Presque toutes sont maintenant dispersées. J'ai hâte cependant d'ajouter que la plus remarquable de beaucoup par le nombre et la beauté des sujets qui la composent, formée par M. de Kolly, nous est heureusement restée.

Elle a été généreusement offerte à la ville de Dijon par Mlle de Kolly, et suivant la volonté de la donatrice, elle vient d'être disposée dans une salle spéciale.

Espérons que la vue de cette belle collection ranimera parmi nous le goût de l'ornithologie. Je serais aussi très heureux si j'osais espérer que ce modeste essai pût y contribuer.

Dijon, 15 juillet 1869.

ABRÉVIATIONS

C. C. C. Extrêmement commun.

C. C. Très commun.

C. Commun.

R. R. R. Extrêmement rare.

R. R. Très rare.

R. Rare.

Séd. Sédentaire.

N. Niche.

Pass. régul. Espèce qui traverse chaque année notre département au printemps et à l'automne.

Acc. Accidentel. Espèce dont la présence dans la Côte-d'Or est tout à fait fortuite.

Mus. Individu conservé au musée de la ville.

?. Ce signe indique que le fait avancé n'est pas certain et demande à être vérifié.

CATALOGUE

ORDRE I

OISEAUX DE PROIE

A. — Oiseaux de proie diurnes.

FAMILLE I

VULTURIDÉS

GENRE UNIQUE. — **Vautour** (*Vultur*).

1. — V. FAUVE, vulgairement vautour griffon (*V. fulvus*, Briss.).

Un individu de cette espèce a été tué dans la combe de Gevrey-Chambertin par M. de Meillonnas (collect. de Kolly). — Acc., R. R. R.

2. — V. CENDRÉ, vulgairement vautour arrian (*V. cinereus*, Linn.).

Deux individus tués aux environs d'Auxonne en 1814. — Acc., R. R. R.

FAMILLE II

FALCONIDÉS

GENRE I. — **Faucon** (*Falco*).

3. — F. PÈLERIN (*F. peregrinus*, Briss.).

Cet oiseau devient rare dans notre pays. Un mâle a été tué dans les environs de Seurre. Un jeune mâle tué en octobre 1864, dans la cour d'une ferme près de Messigny, au moment où il enlevait sa quatrième poule (Mus.). — Pass. régul., R. R.

4. — F. HOBEREAU (*F. subbuteo*, Linn.).

Très abondant à son passage qui commence dans la première quinzaine de septembre. Cet oiseau suit les chasseurs en plaine et s'élance sur les alouettes, sur les cailles et même sur les perdrix que font lever les chiens. — N., C. C.

5. — F. EMÉRILLON (*F. lithofalco*, Briss.).

Commun dans la montagne, aime les lieux couverts de murées ou murgiers, éloignés des habitations. — N., C.

6. — F. CRESSERELLE (*F. tinnunculus*, Linn.).

Cette espèce aime au contraire le voisinage des habitations.

« La cresserelle, dit Buffon, est l'oiseau de proie « le plus commun dans la plupart de nos provinces « de France, et surtout en Bourgogne : il n'y a point « d'ancien château ou de tour abandonnée qu'elle « ne fréquente ou qu'elle n'habite ; c'est surtout le « matin et le soir qu'on la voit voler autour de ces « vieux bâtiments, et on l'entend encore plus sou- « vent qu'on ne la voit ; elle a un cri précipité : pli, « pli, pli ou pri, pri, pri, qu'elle ne cesse de répé- « ter en volant, et qui effraie tous les petits oiseaux « sur lesquels elle fond comme une flèche (1). »

C'est ainsi qu'un de ces oiseaux qui habitent en si grand nombre l'église Saint-Bénigne, s'est littéralement embroché dans le paratonnerre surmontant une des ailes du grand séminaire attenant à cette église (2).

---

(1) Buffon, t. II, p. 48 et 49.
(2) V. l'*Union Bourguignonne* du 7 novembre 1859.

Les Bourguignons appellent cet oiseau cristel, qui pourrait bien dériver du mot kestril ou kestrel, nom anglais de la cresserelle (1). — Séd., C. C.

7. — F. KOBEZ ou à pieds rouges (*F. vespertnius*, Linn.).

Un individu tué dans les environs de Dijon (Mus.). M. du Seuil en a tué deux le 12 mai 1826 au pont de Parcey, sur les eaux débordées de la Loue, tout près, des limites de notre département. Ils volaient en compagnie de hobereaux, dont deux furent également tués. — Acc., R. R. R.

GENRE II. — **Aigle** (*Aquila*).

8. — A. FAUVE (*A. fulva*, Meyer).

Deux individus tués dans le département, l'un à Chevigny-Saint-Sauveur, et l'autre à Mâlain. — — Acc., R. R. R.

9. — A. CRIARD (*A. nœvia*, Briss.).

Un individu tué à Chevigny-Saint-Sauveur par un garde de M. de Montillet, et un autre à Gevrey. — Acc., R. R. R.

GENRE III. — **Pygargue** (*Haliætus*).

10. — P. ORDINAIRE (*H. ossifragus*, Linn.).

Un individu tué dans les bois de Chevigny-Saint-Sauveur, un dans ceux de Bressey, un à Scurre et enfin un quatrième à Arceau-sur-Tille, en mars 1865. — Acc., R. R. R?

GENRE IV. — **Balbuzard** (*Pandion*).

11. — B. FLUVIATILE (*P. haliœtus*, Linn.)

Un individu tué à Argilly et donné au Musée par M. Roger d'Archiac. — N., R.

_____

(1) Buffon, t. II, p. 48, note (*a*).

Genre V. — Circaète (*Circaetus*).

12. — C. JEAN-LE-BLANC (*C. gallicus*, Gmel.).

Le jean-le-blanc est assez commun dans le vallon de l'Ignon, où il est connu sous le nom d'*offroy*, et feu M. Couturier, garde de M. de Courtivron à Tarsul, près Is-sur-Tille, m'a communiqué sur cet oiseau les observations suivantes :

M. Couturier et un bûcheron du pays, qui à eux seuls en ont enlevé plus de quarante nids, ont pu constater autant de fois ce fait bien établi aujourd'hui, que cet oiseau ne pond jamais qu'un seul œuf.

Il arrive du 15 au 20 avril et pond vers le 1er mai. Il dépose son œuf dans un nid qui peut être son ouvrage, ou celui de ses congénères fait les années précédentes, car cet oiseau est très paresseux. Dans le cas particulier, c'étaient toujours de nouveaux venus qui venaient occuper les anciens nids, M. Couturier tuant chaque année les constructeurs de ces nids et en prenant les jeunes.

Ce sont les premiers arrivés qui ont en partage ces nids tout faits qu'ils réparent tant bien que mal. Les retardataires en construisent de neufs, mais cela est fort rare. Le plus souvent ils s'emparent des vieux nids de buses qu'ils agrandissent, quelquefois même ils s'établissent dans des nids d'autours, quoique ces derniers les placent à la cime des hêtres les plus élevés, tandis que le jean-le-blanc choisit au contraire pour cela le milieu de l'arbre et même une des plus grosses branches.

Quand il arrive pour donner à manger à son petit, il se pose à 50 centimètres ou même un mètre du nid, qu'il gagne en marchant sur cette branche. Le jeune se lève alors, et prend avec le bec la pâture qui lui est donnée, et qui est toujours un reptile.

Quand un des parents était tué pendant cet acte, avant que le petit ait reçu sa nourriture, la queue du serpent, et c'était presque toujours une vipère, sortait un peu du bec, et elle n'avait que la colonne vertébrale de brisée, tout près de la tête.

Quand le petit avait quelques jours, M. Couturier tuait un des parents, ordinairement la femelle ; puis, après avoir atteint le nid en grimpant à l'arbre, il attachait une des pattes du jeune avec une corde qu'il fixait à la base de l'arbre. De cette manière, il évitait une nouvelle ascension et cela lui permettait de laisser l'oiseau un mois de plus dans le nid, et de le prendre alors qu'il avait toutes ses plumes et était en état de voler. Il en est là avant la fin d'août. Alors M. Couturier tuait le mâle, et au moyen de la corde forçait le petit à descendre.

Elevés en captivité, ils s'apprivoisent très facilement et se laissent volontiers caresser. Enfermés dans une cage à claire-voie, disposée dans la cour où l'on élève la volaille, ils y laissent entrer, sans jamais leur faire de mal, les poussins qui viennent s'y percher à côté d'eux. Ils engloutissent avec avidité la viande crue, les poissons, les grenouilles, les taupes et les souris.

Quand on leur présente, au contraire, un serpent, ils manifestent une certaine émotion, ils s'agitent et se préparent à se jeter sur lui. Au moment où le serpent passe à travers les barreaux de la cage, d'une patte, ils le saisissent tout près de la nuque, de l'autre, un peu plus loin, puis ils leur brisent à coups de bec la colonne vertébrale. Quand le serpent ne remue plus, ils l'engloutissent alors en commençant par la tête.

A l'état libre, il agit de même ; il fond sur sa proie et l'avale immédiatement, sans la transporter plus loin, comme le font plusieurs oiseaux de proie.

Dans les derniers jours de l'incubation, la femelle ne quitte son œuf qu'avec peine; il faut frapper souvent jusqu'à trois fois l'arbre sur lequel est son nid pour la décider à l'abandonner.

Elle se laisserait même prendre sur le nid, si le fait suivant est vrai. En 1853, m'écrivait M. Couturier, un bouvier m'a apporté à la fin de mai une femelle de jean-le-blanc, dont il m'a assuré s'être ainsi emparé, et, en effet, l'état des plumes n'indiquait pas qu'elle eût été prise au lacet.

Pendant les quinze jours qui suivent l'éclosion, la femelle ne quitte pas son petit ; il ressemble alors à un caniche et a une physionomie des plus étranges.

Le mâle seul alors s'occupe de pourvoir à la nourriture du petit et de la femelle. Au bout de ce temps, elle va chasser, mais s'il survient quelque pluie, elle arrive bien vite pour abriter son petit en se mettant à cheval sur lui et en le couvrant de ses ailes. Dans cette position, ajoute l'observateur, elle fait un volume énorme et est très curieuse à voir. — N., C.

Genre VI. — **Autour** (*Astur*).

13. — A. ÉPERVIER (*A. nisus*, Linn.).

M. du Seuil dit qu'on le trouve le plus souvent en plaine, et qu'il était commun en septembre dans les prairies situées le long de la Saône, notamment entre Auxonne et Lamarche. — Séd., C.

14. — A. ORDINAIRE (*A. palumbarius*, Linn.).

C'est encore à M. Couturier que je dois les renseignements qu'on va lire, et que je transcris :

« J'ai eu, m'écrivait cet observateur, bien des

« occasions de remarquer les habitudes de cet oiseau
« qui niche dans nos environs. Il établit son nid
« à la cime des arbres, choisissant de préférence
« les hêtres. La ponte est au maximum de cinq
« œufs que la femelle couve assidûment. Quand ses
« petits sont un peu grands, elle est très difficile
« à tuer. Elle arrive au nid, comme un trait, tenant
« dans ses serres un oiseau qui est aussitôt saisi par
« les petits. Ceux-ci se disputent alors la proie en
« criant ; c'est un véritable *charivari.* Je crois que
« les vieux s'éloignent aussi précipitamment après
« s'être débarrassés de la proie qu'ils apportaient,
« pour éviter d'être saisis par leurs petits, car en
« ce moment toutes les pattes jouent. Élevés en
« domesticité, ils s'accommodent de toute espèce de
« viande: chien, chat, cheval, et c'est un plaisir que
« de les voir se disputer leur proie. En liberté, ils ne
« se nourrissent que d'oiseaux : geais, merles, tour-
« terelles, perdrix, etc. Perchés sur la branche la
« plus basse d'un arbre, dans une coupe de bois
« nouvellement vidée, ils s'élancent de là comme
« une flèche, en rasant le sol, sur l'oiseau qu'ils
« viennent d'apercevoir, le prennent et le déchirent
« sur place quand ils n'ont pas de petits à éle-
« ver. »

Une femelle tuée à Billy le 12 mars 1862 et donnée
au Musée par M. Lion Joly.

Un jeune pris au filet d'alouettes près de Longvic
par M. Belin, préparateur au Musée d'histoire naturelle et donné par lui au Musée.

Un autre jeune tué à Velars en avril 1869. —
N., R. R.

Genre VII. — **Milan** (*Milvus*).

15. — M. ROYAL (*M. regalis*, Briss.).

Un mâle tué à Billy le 12 mars 1862.

Le 31 mars 1865, M. Belin a acheté au marché de Dijon une femelle de cette espèce qui avait une bécasse dans le gésier. Cette année et à cette époque le temps était extraordinairement froid, et il y avait beaucoup de neige.

Quatre de ces oiseaux furent tués dans les bois de Messigny et de Savigny pendant les premiers jours de mars 1869. (Communication de M. Gibourg, naturaliste-préparateur à Dijon.) La collection de Kolly en possède une variété dont le plumage est d'un roux très clair. — N., R.

16. — M. NOIR (*M. niger*, Briss.).

Bois de Chevigny et d'Ouges. — N., R.

17. — M. PARASITE (*M. egyptius*, Gmel.).

Cet oiseau était autrefois très commun dans les bois marécageux de Chevigny-Saint-Sauveur où on le rencontre encore et où il niche. Il pond deux œufs. — N., R.

GENRE VIII. — **Elanion** (*Elanus*.).

18. — E. NOIR (*E. furcatus*, Linn.).

Un individu tué près Beaune par M. du Seuil, d'Is-sur-Tille. — Acc., R. R.

19. — E. BLANC (*E. melanopterus*, Leach.).

Je lis dans Temminck, t. III, p. 592 :

« M. du Seuil, d'Is-sur-Tille, me marque qu'on
« voit assez souvent cet oiseau dans le département
« de la Côte-d'Or : il y vient dans le mois d'octobre ;
« ce qui prouve que l'apparition de cette espèce
« nomade est plus fréquente qu'on ne l'avait cru
« jusqu'ici.

« M. du Seuil a remarqué que cet oiseau se nour-
« rit, dans cette contrée, de souris dont il trouva
« dans le jabot de nombreux débris tout couverts

« de poils ; tandis que les autres observateurs
« assurent qu'il se nourrit uniquement d'insec-
« tes. — Acc., R. R. R.

GENRE IX. — **Buse** (*Buteo.*).

20. — B. VULGAIRE (*B. vulgaris*, Ch. Bonap.)
Le plumage de cet oiseau est excessivement variable. — Séd., C. C. C.

21. — B. PATTUE (*B. lagopus*, Brünn.).
Un individu tué par M. du Seuil, à Marcilly, et un
autre à Sacquenay. — Acc., R. R.

GENRE X. — **Bondrée** (*Pernis*).

22. — B. COMMUNE (*P. apivorus*, Linn.).
Je dois à M. Devosse, alors garde à Vernot, les
renseignements suivants sur les mœurs de cet oiseau.

Il construit son nid avec de petites branches qu'il
casse sur les arbres peu élevés. Le même couple revient tous les ans retrouver son nid. Si ces oiseaux
sont détruits, une autre famille l'habite ordinairement dès l'année suivante. D'autres bondrées viennent souvent occuper un nid abandonné même
pendant deux ou trois ans pour une cause quelconque.

Ces oiseaux se nourrissent de grenouilles qu'ils
mangent dans leur nid, même avant la ponte, mais
ils sont surtout très friands de larves de guêpes. Ils
creusent la terre d'une patte pour arriver au nid,
en même temps qu'ils battent des ailes pour écarter
les insectes. M. Devosse en a observé et tué un pendant qu'il se livrait à cette chasse.

Leur vol est bas et ils ne planent guère que
quand on s'empare de leur nid.

La bondrée ne pond jamais plus de deux œufs,
du moins M. Devosse n'en a jamais trouvé plus ; ils

sont très ronds, ressemblent beaucoup à ceux de la cresserelle, mais sont d'un roux un peu plus foncé.

Dans les premiers jours du mois de juin 1865, un des gardes du bois de Chevigny a pris un nid de cet oiseau dont il m'a apporté les œufs qui étaient également au nombre de deux; ils sont conservés au Musée. — N., R.

GENRE XI. — Busard (*Circus*).

23. — B. ORDINAIRE ou harpaye (*C. rufus*, Lath.).

Etait autrefois commun sur l'étang d'Argilly, aujourd'hui en culture. On les attendait à l'affût, caché dans une cabane, de laquelle on pouvait les tirer sur un arbre mort qu'on plaçait dans l'eau. — N., R.

24. — B. SAINT-MARTIN (*C. cyaneus*, Linn.).

Cet oiseau chasse en rasant constamment la terre. — N., C. C.

25. — B. MONTAGU (*C. cinereus*, Linn.).

Cet oiseau était autrefois excessivement commun dans les marais de Magny-sur-Tille, aujourd'hui cultivés. On le trouve encore dans la partie marécageuse des bois de Chevigny-Saint-Sauveur, où chaque année nous en prenons quelques couples au filet, M. Belin et moi.

Ce mode de chasse a été trouvé par M. Lacordaire, alors inspecteur des lignes télégraphiques à Dijon, et ornithologiste des plus distingués.

Fatigué de ses insuccès, en attendant à l'affût, caché dans une hutte de jonc, cet oiseau méfiant, il imagina le procédé suivant basé sur les habitudes du busard, et que nous employons encore avec le plus grand succès. M. Lacordaire avait observé que le mâle de cette espèce planait un certain temps au-dessus de sa femelle posée à terre, puis fondait tout à coup sur elle pour s'accoupler ou pour la faire lever. Il disposa donc à terre une femelle empaillée, et à un mètre d'elle environ, il tendit perpendiculairement au sol, en le fixant par ses angles supérieurs, au moyen d'un anneau en cuivre, soit aux arbres voisins, soit à de légères perches plantées à cet effet, un filet en soie de quatre mètres en hauteur et en largeur, et à mailles carrées.

Le busard, en se précipitant sur la femelle, se jette en même temps dans le filet, qui, faiblement retenu par ses supports, n'offre aucune résistance à l'oiseau qui l'emporte, et tombe enveloppé dans ses mailles à quelques mètres de là. Les femelles se prennent de la même façon et en aussi grand nombre que les mâles, car la jalousie les fait fondre souvent les premières sur leur rivale empaillée. Ces oiseaux à l'œil si perçant se laissent attirer soit par une femelle empaillée, soit par un jeune mâle dont la livrée est à peu près semblable à celle de la femelle. Les appelants empaillés dont nous nous servons encore aujourd'hui, sont les mêmes que ceux qu'employaient à cette chasse MM. Lacordaire et Belin, il y a vingt-cinq ans, et quoique ressemblant aussi peu que possible à des oiseaux vivants, ils n'en produisent pas moins l'illusion demandée.

Une fois enveloppés dans le filet, ils se laissent saisir et étouffer par le chasseur, sans opposer la moindre résistance. Il n'en est pas ainsi du busard saint-martin qui se prend de la même façon, et dont la femelle surtout se jette sur celui qui veut le saisir.

A propos de ce dernier oiseau je rapporterai une expérience faite par M. Buchillot, aujourd'hui naturaliste-préparateur à Metz, et M. Belin de

2

qui je la tiens. Ils transportèrent un jour quatre jeunes busards montagu dans le nid d'un saint-martin, et réciproquement quatre petits saint-martin dans le nid d'un montagu, après avoir pris les mâles de ces couvées.

La femelle du montagu éleva, sans se douter de la substitution, les petits saint-martin, tandis que la femelle du saint-martin en tua d'abord immédiatement trois, puis le quatrième quelques heures après.

Il y a une variété noire de cette espèce, et M. de la Fresnaye prétend que cette variété ne se produit pas accidentellement, et qu'il faut toujours qu'un des parents soit noir pour donner naissance à des petits qui aient cette couleur.

M. Belin a trouvé dans un nid occupé par un couple dont l'un des individus était noir, et dont l'autre avait la livrée ordinaire, six petits dont deux étaient noirs et quatre roux.

Cet oiseau, qui niche à terre dans un nid caché au milieu des roseaux, pond de quatre à huit œufs d'un blanc bleuâtre. M. Belin en a fait pondre jusqu'à seize à une femelle, en les lui enlevant successivement.

La partie du bois de Chevigny occupée par ces oiseaux est complétement ravagée; on n'y entend pas chanter un seul oiseau.

J'ai ouvert les jabots de plusieurs de ceux que nous avons capturés, et j'y ai trouvé des lézards et des petits oiseaux. M. Belin a même retiré du gésier de l'un d'eux quatre œufs de merle parfaitement intacts, et très souvent des œufs de caille et d'alouette.

La longueur moyenne du mâle est de 0,43 centimètres et celle de la femelle de 0,47.

Ces oiseaux arrivent dans notre pays dans les derniers jours d'avril et le quittent au commencement de septembre. — N., C.

B. — Oiseaux de proie nocturnes.

FAMILLE III

STRIGIDÉS

Genre unique. — **Chouette** (*Strix*).

Première Division. — hiboux.

26. — H. GRAND-DUC (*S. bubo*, Linn.).

Beaucoup moins rare aujourd'hui qu'autrefois.

Niche dans les rochers de Velars, de Darcey, dans les combes de plusieurs villages de la Côte, et notamment à Gevrey, Chambolle, Lantenay, Darcey, etc.

J'en ai vu deux tués en novembre 1864, l'un à Flacey, et l'autre à Précy-sous-Thil.

Une femelle d'une taille exceptionnelle tuée à Marcellois en septembre 1866.

M. Gibourg, naturaliste - préparateur à Dijon, m'a dit avoir trouvé dans le gésier d'un de ces oiseaux, tué en septembre 1867, une tête de chouette effraie. — N., R.

27. — H. MOYEN-DUC (*S. otus*, Linn.).

On l'appelle en Bourgogne *choue cornerote* (1). — Séd., C. C.

28. — H. SCOPS (*S. scops*, Linn.).

Se rencontre dans toutes les parties du département où se trouvent des noyers.

Il niche dans les trous des tilleuls de l'avenue du

---

(1) Buffon, t. II, p. 185, note (*a*).

Parc, après le rond-point. Quand le chemin de ceinture de la ville était planté de vieux noyers, cet oiseau y était alors très commun. — N., R.

29. — H. BRACHYOTE (*S. brachyotos*, Lath.).

Il y en eu dans le mois de septembre 1862 un passage considérable. J'en ai vu neuf en même temps chez un préparateur de la ville.

Un nid de cet oiseau a été trouvé dans les marais de Chevigny par MM. Belin et Lollier. Ce dernier, en enlevant successivement les œufs, en a fait pondre douze ou quatorze. M. Belin m'a dit aussi en avoir trouvé un nid à Pourlans, dans une île du Doubs. Il était à terre, dans un endroit couvert de joncs et inondé l'hiver, lieu qui se trouve dans les mêmes conditions que les marais de Chevigny. Le lendemain, quand M. Belin alla visiter le nid, il n'y avait plus que trois œufs au lieu de quatre qu'il contenait la veille; le surlendemain, deux petits venaient d'éclore et il restait un œuf; une heure après, le même jour, un petit avait encore disparu. Le quatrième jour, le nid était vide; la femelle n'avait-elle pas emporté ses petits dans un autre endroit? — N., C. C.

30. — CHOUETTE EFFRAIE (*S. flammea*, Linn.).

Plumage excessivement variable. —Séd., C. C. C.

Deuxième Division. — CHOUETTES PROPREMENT DITES.

31. — C. HULOTTE (*S. aluco*, Linn.).

On l'appelle en Bourgogne *choüe*, ce qui est un augmentatif de chouette (1). — Séd., R.

32. — C. CHEVÊCHE (*S. psilodactyla*, Linn.).

Buffon raconte (2) qu'étant couché dans une des

---

(1) Buffon, t. II, p. 158, note (*a*).
(2) Buffon, t. II, p. 185, note (*b*).

vieilles tours du château de Montbard, une chevêche vint se poser un peu avant le jour sur la tablette de la fenêtre de sa chambre, et l'éveilla par son cri : hémé, édmé; comme il prêtait l'oreille à cette voix qui lui parut d'abord d'autant plus singulière qu'elle était près de lui, il entendit un de ses gens, qui était couché dans la chambre au-dessus de la sienne, ouvrir la fenêtre, et trompé par la ressemblance du son bien articulé édmé, répondre à l'oiseau : *qui es-tu là-bas, je ne m'appelle pas Edme, je m'appelle Pierre.* Ce domestique croyait en effet que c'était un homme qui en appelait un autre, tant la voix de la chevêche ressemble à la voix humaine et articule distinctement ce mot.

Une variété rousse tuée dans la Côte-d'Or (Mus.). — Séd., C. C.

33. — C. TENGMALM (*S. tengmalmi*, Gmel.).

M. Couturier, garde à Tarsul, en a tué un couple qui avait niché en 1862 dans les bois de ce village, dans un trou creusé par le pic-vert. Il m'a dit en avoir tué cinq pendant sa vie de chasseur.

Il m'écrivait aussi, en 1864, qu'un sabotier de son pays qui habite presque constamment au milieu des bois, et qui a plusieurs fois déniché ces oiseaux, a toujours trouvé quatre petits.

Cette chouette se tient constamment dans les grands bois, à terre, au milieu d'une cépée. Quand on passe assez près d'elle pour la faire lever, elle va se poser tout près de là sur une petite branche, suivant de ses yeux immobiles celui qui l'a dérangée.

M. Piffond, conseiller à la Cour, en avait dans sa collection aujourd'hui dispersée, un individu qu'il avait tué dans la combe de Chambolle.

Enfin, deux autres ont été achetés au marché de Dijon, par M. Nodot et par M. Belin. Un de ces oiseaux avait encore un lacet autour du cou ; il s'était pris dans un de ces piéges tendus aux grives. — N., R. R.

ORDRE II

PASSEREAUX

A. — *Passereaux omnivores.*

FAMILLE I

CORVIDÉS

Genre I. — **Corbeau** (*Corvus*).

34. — C. CORNEILLE (*C. corone*, Linn.).

En patois bourguignon, *crâs.* — N., C. C. C.

35. — C. FREUX (*C. frugilegus*, Linn.).

Un individu de cette espèce à bec croisé et dont la partie supérieure du bec présente un prolongement extraordinaire, a été tué dans les environs de Dijon. Il faisait partie de ma collection, aujourd'hui au Musée de la ville.

Le docteur Degland cite déjà pour cette espèce une variété accidentelle semblable (1).

« J'ai vu, dit Guenceau de Montbeillard (2), à « Baume-la-Roche, qui est un village de Bourgogne « à quelques lieues de Dijon, environné de monta- « gnes et de rochers escarpés et où la température

---

(1) Degland, *Ornithologie européenne*, t. I, p. 317.
(2) Buffon, t, V, p. 81, note (*n*).

« est sensiblement plus froide qu'à Dijon, j'ai vu,
« dis-je, plusieurs fois en été une volée de freux
« qui logeait et nichait depuis plus d'un siècle, à
« ce qu'on m'a assuré, dans des trous de rochers
« exposés au sud-ouest, et où l'on ne pouvait attein-
« dre à leurs nids que très difficilement et en se sus-
« pendant à des cordes : ces freux étaient familiers
« jusqu'à venir dérober le goûter des moissonneurs :
« ils s'absentaient sur la fin de l'été pour une couple
« de mois seulement, après quoi ils revenaient à
« leur gîte accoutumé. Depuis deux ou trois ans
« ils ont disparu et ont été remplacés par des cor-
« neilles mantelées. » — N., C. C.

36. — C. MANTELÉE (*C. cornix*, Linn.).

Deux individus hybrides, provenant du croi-
sement de la corneille ordinaire (C. corone) avec
la corneille mantelée, ont été tués dans la Côte-d'Or,
l'un près de Nuits et l'autre dans les environs de
Dijon. Le premier fait partie de la collection de
M. Lacordaire à Burgile (Doubs), l'autre est conservé
au Musée de la ville. — Pass. régul., C. C.

37. — C. CHOUCAS (*C. monedula*, Linn.).

Habite la combe de Gevrey, la combe de la Vieille
à Bouilland, etc.

Une variété d'un blanc pur a été tuée dans la
Côte-d'Or (collect. de Kolly). — N., R.

GENRE II. — **Pie** (*Pica*).

38. — P. ORDINAIRE (*P. caudata*, Linn.). En patois,
agasse.

Une pie du blanc le plus pur a été abattue le 27
novembre 1863 par un garde du canal de Bourgogne.

Elle se tenait constamment dans les prés des bords

de l'Ouche entre Plombières et Velars, et était bien connue de toutes les personnes que leurs affaires forçaient de parcourir souvent cette route et qui la virent pendant trois années (1). — Séd., C. C. C.

GENRE III. — **Geai** (*Garrulus*).

39. — G. ORDINAIRE (*G. glandarius*, Linn.). — Séd., C. C. C.

GENRE IV. — **Casse-noix** (*Nucifraga*).

40. — C.-N. VULGAIRE (*N. caryocatactes*, Linn.).

« De Montbeillard rapporte (2) qu'en 1754 il en « passa de grandes volées en France, et notam- « ment en Bourgogne : ils étaient si fatigués en « arrivant qu'ils se laissaient prendre à la main. « Les passages sont très éloignés. »

En 1846, le passage fut excessivement abondant dans notre pays. De cette époque à 1859, je ne sache pas que ces oiseaux aient été signalés dans le département, mais j'en ai vu cinq tués en octobre de cette dernière année, à Velars, par M. Th..., à Quemigny, à Vantoux, à Sennecey, et un entre le Parc et Longvic.

Il en est également passé quelques-uns en 1864. M. Colin, pharmacien à Saint-Jean-de-Losne, en a offert un au Musée de Dijon, qui avait été tué au mois d'octobre.

Enfin cette année (1868), M. Gibourg en a reçu deux pour les monter. L'un avait été tué à Vantoux le 9 octobre, mais je n'ai pu savoir s'il faisait partie

---

(1) V. l'*Union Bourguignonne* du 30 novembre 1863.
(2(Buffon, t. V, p. 172.

d'une bande nombreuse. C'est aussi entre Vantoux et Asnières que M. du Seuil a trouvé le seul individu qu'il lui ait été donné d'observer jusqu'à l'époque où il a publié ses notes.

FAMILLE II

STURNIDÉS

GENRE I. — **Etourneau** (*Sturnus*).

41. — E. VULGAIRE (*S. vulgaris*, Linn.).

Quelques-uns passent l'hiver dans le pays. J'en ai tué deux le 18 janvier de l'année 1867, qui fut extraordinairement froide, au jardin de l'Arquebuse ; ils faisaient partie d'une petite bande de quatre à cinq individus. Il y avait alors une neige abondante et le thermomètre était à — 10°.

Un étourneau blanc a été observé pendant les années 1859 et 1860 dans une volée qui se tenait dans la prairie de Pontailler-sur-Saône; il a été vainement poursuivi par les chasseurs du pays. — N., C. C. C.

GENRE II. — **Martin** (*Pastor*).

42. — M. ROSELIN (*P. roseus*, Linn.).

Cet oiseau se mêle souvent aux bandes d'étourneaux.

L'apparition d'un de ces oiseaux tués dans le département a fourni à M. le docteur Vallot l'occasion de communiquer à l'Académie de Dijon des détails insérés dans ses *Mémoires* (1).

De Montbeillard dit « en avoir observé plusieurs

---

(1) *Mémoires de l'Académie de Dijon* pour 1836, p. 168.

en Bourgogne, lesquels avaient été pris dans le temps du passage (1). »

Un individu a été tué dans les prés de Franxault par M. S. D... — Acc., R. R. R.

FAMILLE III

COTINGAS

Genre unique. — **Jaseur** (*Bombycilla*).

43. — J. ORDINAIRE (*B. garrula*, Vieill.).

Trois individus tués à Nuits, les 19 et 21 décembre 1866, dans les jardins de Madame Marey-Monge.

On en vit également cette même année quelques couples dans les environs de Dijon et d'Auxonne.

Déjà sept ou huit avaient été tués dans un passage de ces oiseaux qui eut lieu près de cette dernière ville (M. du Seuil). — Acc., R. R. R.

FAMILLE IV

ORIOLIDÉS

Genre unique. — **Loriot** (*Oriolus*).

44. — L. JAUNE (*O. galbula*, Linn.).

Nous arrive vers la fin d'avril pour nous quitter en septembre.

La collection de Kolly en offre une variété fort curieuse, dont toutes les parties noires des ailes et de la queue sont remplacées par une couleur d'un jaune verdâtre clair. — N., C. C.

_____

(1) Buffon, t. VI, p. 28.

B. — Passereaux insectivores ou dentirostres.

FAMILLE V

LANIADÉS

GENRE UNIQUE. — **Pie-Grièche** (*Lanius*).

45. — P.-G. GRISE (*L. excubitor*, Linn.).

On appelle cet oiseau en Bourgogne *pouchari* ou *bouchari*, mot qui vient de l'anglais *butcher*, *butchéry*, qu'on prononce en français *boutcher*, *boutchery*, *boucherie* (1). — Séd., R.

45 *bis.* — P.-G. MÉRIDIONALE (*L. meridionalis*, Temm.).

Un individu de cette espèce est conservé au Musée de la ville, et porte la provenance *Côte-d'Or ;* mais c'est une espèce douteuse pour le département.

46. — P.-G. D'ITALIE ou à POITRINE ROSE (*L. minor*, Linn.).

Cette espèce, qui est rare en général dans le département se trouve assez fréquemment dans les environs de Magny-sur-Tille. M. Belin, qui en avait découvert un nid sur un orme de l'avenue de la ferme de l'Abbayote située sur cette commune, m'assure avoir tué trois mâles de suite à cette femelle ; à l'arrivée d'un quatrième, les petits étaient éclos, et ce dernier aida la femelle à les nourrir. Ce fait semblerait indiquer une grande prédominance du nombre des mâles sur celui des femelles. En général on la trouve plus souvent en montagne qu'en plaine. Elle n'est pas rare sur la route de Sombernon, notamment dans les taillis un peu en

_____

(1) Buffon, t. II, p. 70.

avant de Pont-de-Pany. Elle niche souvent sur les tilleuls qui bordent cette route; son nid est facile à reconnaître, en ce qu'il est grossièrement construit de tiges de graminées. — N., R.

47. — P.-G. ROUSSE (*L. rufus*, Briss.).

Aime à habiter les avenues plantées d'arbres, les grandes routes; se voit souvent dans le cours du Parc, à Dijon, sur la route de Dijon à Langres, etc. — N., C.

48. — P.-G. ÉCORCHEUR (*L. collurio*, Linn.).

Préfère au contraire les taillis et les coteaux couverts de broussailles. Assez commune à la Combe-à-la-Serpent, dans les petites combes de Plombières, etc.

Une variété albine tuée près de Seurre se trouve dans la collection de feu M. Boiteux, à Dijon. — N., C.

FAMILLE VI

MUSCICAPIDÈS

GENRE I. — **Gobe-Mouches** (*Muscicapa*).

49. — G.-M. GRIS (*M. grisola*, Linn.).

Arrive au mois d'avril. Il aime à nicher le plus près possible de l'homme. Pendant quatre années de suite, j'en ai eu un nid appliqué à une treille de la maison que j'habite à Dijon, et toujours placé près de la cloche.

J'en ai vu aussi plusieurs fois sur la treille couvrant le balcon de mon cabinet de travail à l'Arquebuse. — N., C. C.

50. — G.-M. A COLLIER (*M. albicollis*, Temm.), **G.-M.** de Lorraine. (Buff.)

« Nous avons trouvé, dit Buffon, un de ces gobe-
« mouches le 10 mai 1773, dans un petit parc près
« de Montbard, en Bourgogne (1). »

La collection de Kolly en possède un qui a été
tué par M. de Kolly lui-même, sur un des noyers
des chemins couverts, près la porte Neuve, à Dijon.

Il traverse notre département dans la première
quinzaine de mai. — Pass. régul., R. R.

51. — G.-M. BEC-FIGUE (*M. atricapilla*, Linn.).

Arrive dans les premiers jours de mai, en quanti-
tés plus ou moins grandes, suivant les années.

Les paysans de la montagne (environs de Saint-
Seine) l'appellent *drap de mort,* à cause de son plumage blanc et noir ; son arrivée est pour eux un
indice que le froid n'est plus à redouter. — N., C.

GENRE II. — **Traquet** (*Saxicola.*).

52. — T. MOTTEUX (*S. œnanthe*, Linn.). Vulg. *cul-blanc,*
branle-queue, foutraque, aux environs de Semur.
— N., C. C. C.

53. — T. TARIER (*S. rubetra*, Linn.).

Habite surtout les prairies, les bords des rivières.
— N., C. C.

54. — T. PATRE (*S. rubicola*, Linn.).

C'est le premier oiseau qui arrive dans la Côte-
d'Or ; on le voit dès le mois de février. Il est suivi
du rouge-queue, de la gorge-bleue et du rossignol
de murailles.

Du côté de la montagne cet oiseau ne dépasse
pas le Val-de-Suzon.

---

(1) Buffon, t. VIII, p. 314.

Un mâle de cette espèce a été tué par M. Gibourg le 20 décembre 1865 sur les bords de l'Ouche, près Dijon. — N., C. C.

FAMILLE VII

TURDIDÉS

GENRE I. — **Merle** (*Turdus*).

55. — M. NOIR (*T. merula*, Linn.).

Une variété blanche et une autre tapirée de blanc ont été tuées dans la Côte-d'Or (Mus.). — Séd., C. C. C.

56. — M. A PLASTRON (*T. torquatus*, Linn.).

Niche parfois dans le département ; Combe de Bouilland près de Beaune.

« On n'en voit guère paraître aux environs de
« Montbard que dans les premiers jours d'octobre ;
« ils arrivent alors par petits pelotons de douze ou
« quinze, et jamais en grand nombre ; il semble que
« ce soient quelques familles égarées qui ont quitté le
« gros de la troupe ; ils restent rarement plus de
« deux ou trois semaines, et la moindre gelée suffit
« alors pour les faire disparaître ; ils repassent en
« Bourgogne vers le mois d'avril ou de mai. Ils
« semblent être moins rares en automne qu'au prin-
« temps (1). » — N., C.

57. — M. LITORNE (*T. pilaris*, Linn.).

« Les litornes ne nichent pas dans notre pays ;

---

(1) Buffon, t. VI, p. 18 (par G. de Montbeillard).

« ils y arrivent en troupes après les mauvis, vers le
« commencement de décembre (1). »

Une variété tapirée de blanc tuée dans la Côte-
d'Or (Mus.). — Pass. régul., C.

58. — M. DRAINE (*T. viscivorus*, Linn.).

« En Bourgogne, les draines arrivent en troupes
« aux mois d'octobre et de novembre, venant, selon
« toute apparence, des montagnes de Lorraine. —
« Il en reste l'été en Bourgogne (2). » — En partie
« séd., C. C.

59. — M. GRIVE (*T. musicus*, Linn.).

Cet oiseau est le premier dont le chant joyeux
annonce le printemps. On l'entend souvent dès le
1er mars.

Une variété blanche et deux variétés isabelle
(Mus.).

Une de ces dernières a été tuée à Nuits et faisait
autrefois partie de ma collection (Mus.). — Séd., C.C.C.

60. — M. MAUVIS (*T. iliacus*, Linn.). Le mauvis (Buff.).

« Les paysans des environs de Montbard lui don-
« nent le nom de *boutequelon* et celui de *calendrote*.

« Cette petite grive est la plus intéressante de
« toutes, parce qu'elle est la meilleure à manger,
« du moins dans notre Bourgogne, et que sa chair
« est d'un goût très fin.

« En Bourgogne, on fait des lacets de crins noirs
« et blancs tortillés ensemble, car les oiseleurs as-
« surent qu'elle ne se prend pas aux lacets faits
« d'une seule couleur (3). » — Pass. régul., C.

---

(1) Buffon, t. V, p. 418 (par G. de Montbeillard).
(2) Buffon, t. V, p. 409 (par G. de Montbeillard).
(3) Buffon, t. V, p. 429 (par G. de Montbeillard).

GENRE II. — **Pétrocincle** (*Petrocincla*).

61. — M. DE ROCHE (*P. saxatilis,* Vigors.).

Décrit dans Buffon sous le nom de merle de roche, t. VI, p. 31-35, et sous celui de merle solitaire, p. 40-47. — Connu sous le nom de *passe solitaire* en Bourgogne (1).

Gueneau de Montbeillard dit qu'on lui a apporté une femelle de cette espèce, prise le 12 mai sur ses œufs ; elle avait établi son nid sur un rocher dans les environs de Montbard, où ces oiseaux sont fort rares et tout à fait inconnus (2).

« Ils arrivent au mois d'avril et repartent à « la fin d'août.

« Il y en a tous les ans une paire sur le clocher de « Sainte-Reine, petite ville de mon voisinage, située « à mi-côte d'une montagne passablement élevée.

« Il est inouï que ceux que nous voyons arriver « au printemps en Bourgogne et nicher sur les che- « minées ou sur le comble des églises, y passent l'hi- « ver (3). »

Depuis le temps de Buffon, cet oiseau est devenu des plus farouches ; il ne niche plus ni sur les cheminées, ni sur le comble des églises ; mais il tes assez commun dans toutes les combes des montagnes de la Côte. — N., C.

GENRE III. — **Cincle** (*Cinclus*).

62. — C. PLONGEUR (*C. aquaticus,* Bechst.).

Aime les sources limpides où se trouve la truite.

Toussenel l'a observé en 1839 à la source de la

---

(1) Buffon, t. VI, p. 44, note (*e*).
(2) Buffon, t. VI, p. 34.
(3) Buffon, t. VI, p. 44 (de Montbeillard).

Vouge, près du Clos-Vougeot (1). — Niche aussi à la source de l'Ignon.

M. du Seuil l'a trouvé en automne à la fontaine de Larrey. — N., R.

Genre IV. — Rubiette (*Erithacus*).

63. — R. ROSSIGNOL (*E. luscinia*, Lath.).

Nous arrive dans la première quinzaine d'avril et nous quitte vers le milieu de septembre. — N., C. C.

64. — R. ROUGE-QUEUE (*E. tithys*, Lath.).

« Ces oiseaux préfèrent les pays de montagne et « ne paraissent guère en plaine qu'au passage d'au-« tomne ; ils arrivent au mois de *mai* en Bourgo-« gne (2). »

C'est beaucoup plustôt qu'a lieu leur arrivée : dans la première quinzaine de *mars*. En 1865, année qui fut très froide et dont l'hiver se prolongea long-temps, on m'en apporta un le 14 mars : il avait été tué à Auxonne.

Très commun dans les combes de la Côte, dans celles de Gouville et à la Serpent.

C'est celui des becs-fins qui nous quitte le dernier, seulement en novembre. — N., C. C.

65. — R. DE MURAILLES (*E. phœnicurus*, Linn.). N., C.

66. — R. ROUGE-GORGE (*E. rubecula*, Lath.).

« On l'appelle en Bourgogne *bosote*, nom qui vient « probablement de *boscote*, oiseau des bois (3). » — Séd., C. C.

---

(1) Toussenel, *Ornithologie passionnelle*, t. II, p. 270.
(2) Buffon, t. IX, p. 268.
(3) Buffon, t. IX, p. 285, note (*a*).

3

67. — R. GORGE-BLEUE (*E. suecica*, Lath.).

De passage dans la Côte-d'Or du 25 mars au
5 avril. Quand le printemps est humide, on la rencontre partout ; dans le cas contraire, elle suit exclu-
sivement les bords des rivières. Quelques paires
nichent dans les îles de la Saône.

Un vieux mâle a été tué le 25 mars 1858 à Dijon,
dans le jardin de l'hôtel de M. Moussier, rue Ber-
bisey.

Une variété à tache jaune, tuée dans la Côte-
d'Or.

Le docteur Degland, qui avait fait une espèce
de cette variété, dit aussi que quelques sujets ont
été capturés en Bourgogne (1). — N., C.

Genre V. — **Rousserolle** (*Calamoherpe*).

68. — R. TURDOIDE (*C. turdoides*, Temm.).

Nom vulgaire en Bourgogne, *kinkara*, de son
chant plusieurs fois répété, *kinkara*, *kinkara*.

Habite tous les étangs couverts de joncs. — N.,
C.

69. — R. EFFARVATTE (*C. arundinacea*, Briss.). — N.,
C.

70. — R. PHRAGMITE (*C. phragmitis*, Bechst.). — N.,
C.

71. — R. AQUATIQUE (*C. aquatica*, Lath.). — N. sur
les bords de la Saône, R.

72. — R. LOCUSTELLE (*C. locustella*, Lath.).

Niche dans les marais de Chevigny. Son chant
ressemble à celui du grillon ; il le modifie de façon

---

(1) *Ornithologie européenne*, t. I, p. 514.

à ce que l'oiseau paraît se rapprocher ou s'éloigner par intervalles. — N., R. R.

GENRE VI. — **Hypolaïs** (*Hypolais*).

73. — H. LUSCINIOLE (*H. polyglotta*, Vieill.) (1). — N., C. C.

74. — H. ICTÉRINE (*H. icterina*, Vieill.) (2). Sylvia Hypolaïs de Temminck (3). — N.?, C. C.

GENRE VII. — **Fauvette** (*Sylvia*).

75. — F. A TÊTE NOIRE (*S. atricapilla*, Lath.).

Arrive dans notre département dès le mois de février. J'ai vu le 17 février 1868 une femelle de cette espèce au jardin de l'Arquebuse. M. Belin m'a dit en avoir vu dans les premiers jours de mars, une bande composée de quarante individus, dans les bois de Perrigny-les-Dijon ; ils mangaient des baies de gui.

Cet oiseau prolonge aussi quelquefois fort tard son séjour parmi nous quand la température ne s'abaisse pas trop ; j'en ai vu un à l'Arquebuse le 15 décembre 1861. — N., C. C.

76. — F. DES JARDINS (*S. hortensis*, Bechst.). — N., C. C.

77. — F. GRISETTE (*S. cinerea*, Briss.).

---

(1) Dans cette espèce, l'aile au repos n'atteint jamais le milieu de la queue, et la première remige est égale ou presque égale à la cinquième.

(2) Chez l'hyp. ictérine, l'aile toujours plus longue d'un centimètre, au moins, que celle de la précédente, atteint et dépasse même le milieu de la queue. En outre la première remige égale presque la troisième.

(3) L'hyp. ictérine de Temminck est un pouillot fitis adulte, de forte taille, et en plumage d'automne.

C'est l'espèce la plus commune du genre. — N., C. C. C.

78. — F. ORPHÉE (*S. orphea*, Temm.). — N., C. C.

79. — F. BABILLARDE (*S. curruca*, Lath.).

Aime les bois fourrés et marécageux. Commune dans les marais de Chevigny. — N., C.

CENRE VIII. — **Pouillot** (*Phyllopneuste*).

80. — P. FITIS (*P. trochilus*, Linn.).

Le pouillot ou le chantre (Buff.). Bec-fin pouillot de Temminck (*sylvia trochilus*, Lath.). Vulg. *fenerotet* ou *frétillet*. — N., C. C.

81. — P. VÉLOCE (*P. rufa*, Briss.). — N., C. C.

82. — P. SIFFLEUR (*P. rufa*, Briss.). — N., C.

83. — P. BONELLI (*P. Bonellii*, Vieill.).

Bec-fin natterer de Temminck.

Habite les bois en montagne. — N., R.

CENRE IX. — **Troglodyte** (*Troglodytes*).

84. — T. D'EUROPE (*T. europœus*, Vieill.).

En Bourgogne: *fourre-buisson* et *roi-de-froidure* (1).

Une variété albine a été tuée aux environs de Dijon. — N. (en mars), C. C.

CENRE X. — **Roitelet** (*Regulus*).

85. — R. TRIPLE-BANDEAU (*R. ignicapillus*, Naum.).

Arrive dès la fin de février (le 20 en 1863), et repasse en octobre. — N., C.

86. — R. HUPPÉ (*R. cristatus*, Briss.).

---

(1) Buffon, t. X, p. 43, note (a).

Arrive dans notre pays les premiers jours de novembre, et nous quitte au moment de l'arrivée du précédent. Il passe donc l'hiver près de nous ; il aime surtout les lieux plantés de sapins. Très commun au Parc. — Pass. régul., C. C.

GENRE XI. — **Accenteur** (*Accentor*).

87. — A. DES ALPES (*A. alpinus*, Bechst.).

Un individu tué près de Dijon (Mus.). On le trouve quelquefois en octobre sur les rochers de la combe de Chambolle. — Acc., R. R. R.

88. — A. MOUCHET (*A. modularis*, G. Cuv.). — Séd., C.

FAMILLE VIII

MOTACILLIDÉS

GENRE I. — **Bergeronnette** (*Motacilla*).

89. — B. GRISE (*M. alba*, Linn.).

On l'appelle en Bourgogne *crosse-queue, branle-queue* (1). Quelques individus passent l'hiver dans le pays.

Une curieuse variété de cette espèce a été tuée à Chaignay le 15 octobre 1865 par le docteur Japiot, d'Is-sur-Tille, et donnée par lui au Musée. Elle est complétement blanche, à l'exception des remiges qui sont noires ; la tête est jaunâtre. — N., C. C. C.

90. — B. YARRELL (*M. Yarellii*, Gould.).

Un mâle tué par M. Belin, sur le bord du torrent de Suzon, près la porte Saint-Nicolas, pendant

---

(1) Buffon, t. IX, p. 362, note (*a*).

l'hiver de 1846. Il y en avait trois dans la bande. — Acc. (toujours pendant l'hiver), R. R.

91. — B. JAUNE (*M. boarula*, Gmel.). — N., C.

92. — B. PRINTANIÈRE (*M. flava*, Linn.). — N., C. C.

GENRE II. — **Pipit** (*Anthus.*).

93. — P. SPIONCELLE (*A. spinoletta*, Linn.).

Cet oiseau a des habitudes solitaires.

Quelques-uns passent l'hiver dans le département. J'en ai tué souvent sur les bords du canal, aux environs de Dijon. — Pass. régul., C.

94. — P. DES ARBRES (*A. arboreus*, Bechst.). Bec-figue (Buff.).

« Cet oiseau s'appelle *vinette* en Bourgogne. Il « mange des raisins, des insectes et de la graine « de mercuriale. On peut exprimer son petit cri par « *bzi, bzi;* il vole par élans, marche et ne saute « point, court par terre dans les vignes, se relève « sur les ceps et les haies des enclos ; dans leur « passage, ils vont par petits pelotons de cinq ou « six ; on les prend au lacet ou au filet, au miroir en « Bourgogne et le long du Rhône, où ils passent « sur la fin d'août et en septembre (1). »

Courtépée (2) consacre aussi quelques lignes à cet oiseau.

« Le bec-figue, appelé vulgairement *vinette*, est « commun dans le Beaunois ; il y est excellent, mais « seulement dans le temps de la vendange : il s'en- « graisse prodigieusement en peu de jours, non en

---

(1) Buffon, t. IX, p. 277-278.
(2) Courtépée, *Description du duché de Bourgogne*, à l'article : *Histoire naturelle du Beaunois*, t. II, p. 576, Dijon, 1777.

« mangeant du raisin, selon l'erreur populaire,
« mais de la graine de mercuriale répandue en
« abondance dans les vignes. »

Voici comment on chassait et comment on chasse
encore cet oiseau dans la partie du département
qu'on appelle la *Côte*. On choisit au milieu des
vignes un champ planté en sainfoin ou en luzerne,
ou qui a porté des céréales, et on y plante une
perche surmontée de quelques branches mortes ;
c'est ce qu'on appelle une *ramée*. On dispose à
quelques mètres de cette ramée un miroir à alouettes
qui attire les oiseaux, qu'on appelle aussi avec un
appeau. Ils se perchent sur la ramée sur laquelle
on les tire, caché à quelques pas dans la vigne
voisine.

« C'est un oiseau, m'écrivait dernièrement un des
« amateurs les plus passionnés de cette chasse,
« accourant stupidement à tout appel bon ou mau-
« vais. Depuis dix ans on n'en voit pour ainsi dire
« plus, tandis qu'autrefois, du 25 août au 20 octo·
« bre, j'en tuais au moins de quarante à cinquante
« par chasse. »

Sa disparition, ou plutôt sa rareté comparative,
ne tiendrait-elle pas à la culture plus soignée de la
vigne, qui en a fait disparaître en grande partie la
mercuriale ? — N., C. C.

95. — P. ROUSSELINE (*A. campestris*, Bechst.). — N.,
R.

96. — P. DES PRÉS ou FARLOUSE (*A. pratensis*, Linn.).
— Pass. régul., C.

C. — *Passereaux granivores ou conirostres.*

FAMILLE IX

ALAUDIDÉS

GENRE UNIQUE. — **Alouette** (*Alauda*).

97. — A. COMMUNE (*A. arvensis*, Linn.).

« Cet oiseau offre de nombreuses variétés de
« plumage. Dans le moment où j'ai écrit ceci (l'article
« Alouette), dit Gueneau de Montbeillard (1), on m'a
« apporté une alouette blanche qui avait été tirée sous
« les murailles de la petite ville que j'habite (Semur):
« elle avait le sommet de la tête et quelques places
« sur le corps, de la couleur ordinaire, le reste
« de la partie supérieure, compris la queue et les
« ailes, était varié de brun et de blanc, la plupart
« des plumes et même des pennes étant bordées de
« cette dernière couleur; le dessous du corps était
« blanc moucheté de brun, surtout dans la partie
« antérieure et du côté droit; le bec inférieur était
« aussi plus blanc que le supérieur, et les pieds
« d'un blanc sale varié de brun.

« J'ai vu depuis une autre alouette dont tout le
« plumage était parfaitement blanc, excepté sur
« la tête où paraissaient quelques vestiges d'un
« gris d'alouette à demi effacé. On l'avait trouvée
« dans les environs de Montbard. »

Le 18 septembre 1868, on a tué près de Saint-
Apollinaire une fort jolie variété; le ventre et les
ailes sont d'un blanc pur, et le reste isabelle. Elle
présente aussi cette particularité, d'être d'une taille

---

(1) Buffon, t. IX, p. 30-31 (par Gueneau de Montbeillard).

beaucoup plus petite que les alouettes ordinaires (Mus.).

Le Musée renferme encore quatre autres variétés passant du jaune isabelle au blanc presque pur, et la collection de Kolly, un individu du blanc le plus éclatant, tué à Rouvres en 1850. — Séd., C. C. C.

98. — A. ALPESTRE (*A. alpestris*, Linn.). Alouette à hausse-col noir.

M. Boucher, horloger à Dijon, en a tué une en 1841 au Pâquier de Bray, en chassant au miroir. Il y en avait une petite bande de sept à huit individus. Cet oiseau faisait partie de la collection de M. Piffond, conseiller à Dijon.

Une autre a été tuée dans les environs de Semur (Mus.). — Pass. irrégul., R. R. R.

99. — A. COCHEVIS (*A. cristata*, Linn.).

M. Belin en a monté deux qui avaient été tuées en temps de neige au faubourg Saint-Michel, à Dijon.

Une variété tapirée de blanc a été tuée dans la Côte-d'Or. — Pass. régul., R.

100. — A. LULU (*A. arborea*, Linn.). — N., C. C.

101. — A. CALANDRELLE (*A. brachydactyla*.).

Aime les friches des montagnes. Très commune à Asnières, près Dijon.

Temminck dans la troisième partie de son *Manuel d'ornithologie* (1), a, sous le nom d'alouette Kolly (*alauda Koliyi*), fait une espèce nouvelle d'une alouette prise au filet dans les environs de Dijon, et qui lui avait été communiquée par M. de Kolly.

D'après l'avis de la plupart des ornithologistes, cette alouette n'était qu'une calandrelle d'une taille un peu plus forte et d'une teinte générale plus foncée que celle de ses congénères. Elle présentait, en outre, une large tache noire au-dessous de la mandibule inférieure, et des moucheures noirâtres sur les côtés du cou. Elle avait été gardée longtemps en captivité et probablement nourrie avec du chenevis. Tous les oiseleurs savent l'influence de cette graine sur le plumage des oiseaux auquel elle donne assez rapidement une coloration d'un noir foncé. — N., C.

FAMILLE X

PARIDÉS

GENRE UNIQUE. — **Mésange** (*Parus*).

102. — M. CHARBONNIÈRE (*P. major*, Linn.). — Séd., C. C.

103. — M. NOIRE (*P. ater*, Linn.). — N., R.

104. — M. BLEUE (*P. cœruleus*, Linn.). — Séd., C. C.

105. — M. HUPPÉE (*P. cristatus*, Linn.). — Acc., R. R.

106. — M. NONNETTE (*P. palustris*, Linn.). — Séd., C.

107. — M. A LONGUE QUEUE (*P. caudatus*, Linn.). — N., C. C.

108. — M. MOUSTACHE (*P. biarmicus*, Linn.).

A été tuée sur les étangs de Saulon, et dans le parc du château de Neuilly. — Acc., R. R.

FAMILLE XI

FRINGILIDÉS

GENRE I. — **Bruant** (*Emberiza*).

Première Division. — UN TUBERCULE OSSEUX AU PALAIS.

109. — B. JAUNE (*E. citrinella*, Linn.). — Vulg. *Verdière*.

Variété albine tuée dans les jardins plantés sous les remparts de Dijon (Mus.).

Autre variété blanche avec un mélange de quelques plumes brunes (collect. de Kolly).

Une femelle ayant le bec croisé, la partie supérieure entière et l'inférieure brisée, a été prise au filet dans les environs de Dijon (Mus.). — Séd., C. C. C.

110. — B. ZIZI (*E. cirlus*, Linn.). — Séd., C.

111. — B. ORTOLAN (*E. hortulana*, Linn.).

« Ils viennent de la basse Provence (1) et re-
« montent jusqu'en Bourgogne, surtout dans les
« cantons les plus chauds où il y a des vignes ; ils ne
« touchent cependant point aux raisins, mais ils
« mangent les insectes qui courent sur les pampres
« et sur les tiges de la vigne.

« On n'en voit presque jamais dans la partie
« de la Bourgogne septentrionale que j'habite
« (l'Auxois) (2). »

Cet oiseau, comme l'a très bien observé Gueneau de Montbeillard, habite de préférence les pays de vignobles. On l'observe aujourd'hui dans certaines parties du département où il était inconnu avant l'introduction de cette culture.

Cet oiseau est le véritable ortolan si recherché des gourmands quand il a été engraissé. — N., C. C.

112. — B. DES ROSEAUX (*E. schœnicula*, Linn.).

Variété jaune tuée dans la Côte-d'Or (Mus.). — Séd., C. C.

_____

(1) Buffon, t. VIII, p. 8 (art. de G. de Montbeillard).
(2) Buffon, t. VIII, p. 11.

113. — B. PROYER (*E. miliaria*, Linn.).

Variété albine tuée dans les environs de Dijon (Mus.). — N., C. C.

114. — B. FOU ou DE PRÉ (*E. cia*, Linn.).

Un individu mâle pris au filet le 14 février 1862, dans les environs de Dijon.

Cet oiseau, qui est très rare dans la Côte-d'Or, est au contraire très commun dans le Doubs. — Acc., R. R.

Deuxième Division. — PAS DE TUBERCULE OSSEUX AU PALAIS.

115. B. DE NEIGE (*E. nivalis*, Linn.).

Un individu (jeune âge) tué dans la Côte-d'Or (Mus.). — Acc., R. R. R.

GENRE II. — **Bec-Croisé** (*Loxia*).

116. — B.-C. COMMUN (*L. curvirostra*, Linn.).

Le garde du château de Bretenières m'a dit qu'il y en eut, dans ce village, en 1836, un passage considérable. On les voyait par centaines sur les sapins du parc. En 1861, deux individus (jeune âge) furent tués dans le département.

J'en ai vu un troisième tué le 12 août de la même année dans le parc du château d'Athie, près Auxonne.

Une cinquantaine de ces oiseaux, divisés en bandes de six à douze individus, séjournèrent dans les jardins des faubourgs de la ville du 15 octobre au 15 novembre 1868. Douze furent tués au jardin des plantes sur le mur en thuyas placé devant les serres. Ils mangeaient avec avidité les semences de cet arbre, très abondantes cette année, et se laissaient approcher de très près, s'enfuyant à peine au bruit des coups de fusils.

M. du Seuil avait déjà observé un fait semblable

qu'il a consigné dans ses notes : « Nous n'avons re-
« marqué encore qu'une seule année où on les
« ait trouvés en grande troupe depuis l'automne
« jusqu'au printemps ; alors ils étaient très com-
« muns à l'Arquebuse, même dans le jardin de
« la Préfecture, sur les sapins. » — Acc., R. R.

117. — B.-C. PERROQUET, vulgairement : bec-croisé
des sapins. (*L. pytiopsittacus*, Bechst.).

Observé une seule fois en septembre dans un jar-
d'Is-sur-Tille, où il mangeait des graines de salade
(du Seuil). — Acc., R. R. R.

GENRE III. — Bouvreuil (*Pyrrhula*).

118. R. COMMUN (*P. vulgaris*, Briss.).

Comme taille, il y a une variété *major* assez rare.
M. Belin a possédé deux individus de cette
race et M. Lacordaire en a un dans sa collection.
Tous trois ont été tués dans le département.

Comme plumage, il y a aussi une variété noire.
Le Musée de Dijon en a un exemplaire qui a été
élevé en domesticité. La collection de Kolly en
possède aussi une variété noire dont le ventre est
de couleur lie de vin foncée et tapiré de plumes noires.

A propos de cette coloration, Gueneau de Montbeillard dit (1): « qu'il arrive souvent que cette couche
« de noir disparaît à la mue et fait place aux
« couleurs naturelles ; mais quelquefois aussi elle
« se renouvelle à chaque mue, et se soutient pendant
« plusieurs années. Cela ferait croire que ce chan-
« gement de couleur n'est pas l'effet d'une mala-
« die. » — Séd., C.

_____

(1) Buffon, t. VIII, p. 114 (art. de G. de Montbeillard).

GENRE IV. — **Gros-Bec** (*Fringilla*).

119. — G.-B. ORDINAIRE (*F. coccothraustes*, Linn.). — N., C.

120. — G.-B. VERDIER (*F. chloris*, Linn.). — Séd., C. C.

121. — G.-B. SOULCIE (*F. petronia*, Linn.).

Niche à Bouilland et à Arcenant, fait son nid dans les cavités de vieux noyers. — N., R.

122. — G.-B. MOINEAU (*F. domestica*, Linn.).

Deux variétés albine et une variété tapirée de blanc tuées dans les environs de Semur (Mus. et collect. de Kolly.).

« Il se trouve en Lorraine (1) des moineaux noirs, « mais ce sont certainement des moineaux ordinaires, « lesquels, se tenant habituellement dans les halles « des verreries qui sont répandues au pied des « montagnes, s'y sont enfumés. M. le docteur « Lottinger, se trouvant dans une de ces verreries, « vit une troupe de moineaux ordinaires parmi « lesquels il y en avait de plus ou moins noirs. Un « ancien du lieu lui dit qu'ils le devenaient quelque- « fois, dans les halles de cette verrerie, au point « d'être méconnaissables. »

Un phénomène semblable se produit chez les moineaux qui habitent la gare du chemin de fer à Dijon. Exposés presque constamment à la fumée des locomotives, ils passent souvent au noir foncé. C'est ce que j'ai pu constater souvent en observant ces oiseaux au moment où ils viennent boire et se baigner dans le ruisseau qui traverse le jardin des plantes, ce qu'ils font régulièrement deux fois par jour, matin et soir.

---

(1) Buffon, t. VI, p. 211, note (c).

Le Musée possède une de ces variétés accidentelles.

Cet oiseau commence souvent à chanter dès le 1er
février. — Courtépée dit qu'à Anteuil, village dont
le terrain est maigre et aride, on ne voit pas de moineaux (1). Ce village est aujourd'hui dans la règle
commune, et l'on y trouve de ces oiseaux autant que
partout ailleurs. — Séd., C. C. C.

123. — G.-B. FRIQUET (*F. montana*, Linn.).

Variétés albine, nigrine et isabelle, tuées dans le
département (Mus. et collect. de Kolly.). — Séd.,
C. C. C.

124. — G.-B. SERIN ou CINI (*F. serinus*, Linn.).— N., C.

125. — G.-B. PINSON (*F. cœlebs*, Linn.).

Variété albine tuée dans les environs de Dijon
(collect. de Kolly.).

Une variété curieuse de cette espèce a été tuée à
Marliens en novembre 1868. En voici la description.
Taille 170 mill. Les parties inférieures blanches
tapirées de quelques plumes rouges comme celles
du pinson, mais beaucoup plus pâles. Sur la tête,
quelques plumes brunâtres, ne rappelant pas celles
du pinson. Dos d'un jaune *serin*, à l'exception de
taches brunes peu nombreuses. Les remiges et les
couvertures des ailes frangées de jaune, de même
que les rectrices. La deuxième rectrice gauche bor-
dée d'un noir profond à sa partie externe, dans
la moitié de sa longueur, sa partie supérieure étant
complétement noire. Longueur de la queue 70 mil-
lim. Les tarses sont jaunes comme ceux du serin
et le bec est tout à fait celui du pinson.

Un individu tout à fait semblable (femelle) fait
partie de la collection de Kolly.

---

(1) *Descript. du duché de Bourg.*, t. III, p. 4.

Au premier abord, en voyant le dos et les pattes
de ces oiseaux, on les prendrait pour des métis du
pinson et du serin.

Commence à chanter dès la première quinzaine
de février, quand la température est élevée. (11
février en 1863, temps exceptionnellement chaud.)
— Séd., C. C. C.

126. — G.-B. D'ARDENNES (*F. montifringilla*, Linn.).
Vulgairement *tioquet* ou *tiouquête* dans l'Auxois.
« Les pinsons d'Ardennes (1) ne nichent pas
« dans notre pays ; ils y passent d'années à autres,
« en très grandes troupes ; le temps de leur passage
« est l'automne et l'hiver ; souvent ils s'en retournent
« au bout de huit à dix jours, quelquefois ils restent
« jusqu'au printemps : pendant leur séjour, ils vont
« avec les pinsons ordinaires et se retirent, comme
« eux, dans les feuillages. Il en paraît des volées très
« nombreuses en Bourgogne dans l'hiver de 1774. »
Des passages très abondants en 1865 et 1867 au
jardin de l'Arquebuse.

Variété à gorge blanche au lieu d'être rousse
(collect. de Kelly). — Pass. régul., C. C.

127. — G.-B. NIVEROLLE (*F. nivalis*, Linn.). — Acc.,
R. R.

128. — G.-B. LINOTTE (*F. cannabina*, Linn.).
On en a vu une à Montbard qui avait dix-sept
ans bien constatés (2). — Séd., C. C.

129. — G.-B. GORGE ROUSSE ou DE MONTAGNE
(*F. flavirostris*, Linn.).
« On le trouve dans les vignes entre Fontaine et
« Talant, mais seulement en automne. Les oiseleurs

---

(1) Buffon, t. VII, p. 177, note (a) (art. de G. de Montbeillard).
(2) Buffon, t. VII, p. 101, note (c) (art. de G. de Montbeillard).

« l'y prennent au filet ; j'en ai vu plusieurs pris
« par M. Gaudelet (du Scuil). » — Acc., R. R.

130. — G.-B. VENTURON (*F. citrinella*, Linn.). — Acc.,
R. R.

131. — G.-B. SIZERIN (*F. linaria*, Linn.). Vulg. *teiteille*
dans l'Auxois.

Une variété albine tuée dans le département
(Mus.). — Pass. régul., C.

132. — G.-B. BORÉAL (*F. borealis*, Vieill.).

Il y eut au mois de novembre 1847 un passage
considérable de ces oiseaux. On en apportait chaque
jour des liasses au marché.

Ce fut M. de Kolly qui, le premier des amateurs,
reconnut cet oiseau. Sa taille dépasse de six lignes
celle du précédent. Je lis également dans mes
notes de cette époque que M. Nodot nous a dit
cet oiseau avoir été déjà observé en très grand
nombre aux environs de Semur par M. Lionnet,
médecin-vétérinaire et naturaliste, qui aurait si-
gnalé ce fait dans un journal. — Acc., R.

133. — G.-B. TARIN (*F. spinus*, Linn.).

« Chez nous, les tarins (1) arrivent au temps
« de la vendange et repassent lorsque les arbres
« sont en fleurs ; ils aiment surtout la fleur du pom-
« mier. » — Pass. régul., C. C.

134. — G.-B. CHARDONNERET (*F. carduelis*, Linn.).

« Les oiseleurs appellent *sizains* (2) ceux qui ont
« six pennes intermédiaires de la queue terminées
« de blanc ; *huitains* ceux qui en ont huit, et ceux

---

(1) Buffon, t. VII, p. 819 (art. de G. de Montbeillard).
(2) Buffon, t. VII, p. 265 (art. de G. de Montbeillard).

4

« qui en ont quatre, *quatrains*. Ils attribuent au
« nombre de ces petites taches la différence qu'on
« a remarquée dans le chant de chaque individu.
« On prétend que ce sont les *sizains* qui chantent le
« mieux, mais c'est sans aucun fondement, puisque
« souvent l'oiseau qui était sizain pendant l'été
« devient quatrain après la mue, quoiqu'il chante
« toujours de même. »

Variété nigrine tuée aux environs de Dijon (collect. de Kolly).

Un individu dont la partie supérieure du bec
est fortement déviée à gauche et dont la partie
inférieure offre un prolongement considérable à
droite, a été pris au filet dans les environs de Dijon
et donné au Musée par M. Belin.

Enfin, la collection de Kolly en possède un individu dont la face, au lieu d'être d'un rouge cramoisi,
est d'un rouge orangé à la partie supérieure et à
peine roussâtre à la partie inférieure. — Séd., C. C.

D. — *Passereaux zygodactyles.*

FAMILLE XII

PICIDÉS

Genre I. — **Pic** (*Picus*).

135. — P. VERT (*P. viridis*, Linn.).

« Il a un cri particulier très différent de la voix,
« plaintif et traîné : *plieu, plieu, plieu*, qu'on prétend
« vulgairement annoncer la pluie et qui lui fait
« donner dans quelques provinces et dans la nôtre
« le nom de *procureur de meunier* (1). » — Séd., C. C.

---

(1) Buffon, t. XIII, p. 14.

136. — P. CENDRÉ (*P. canus*, Gmel.).

Observé dans les bois en plaine, dans ceux de Cîteaux en particulier. — Séd., R.

137. — P. ÉPEICHE (*P. major*, Linn.). — Séd., C.

138. — P. EPEICHETTE (*P. minor*, Linn.). — Séd., R.

GENRE II. — Torcol (*Yunx*).

139. — T. VERTICILLE (*Y. torquilla*, Linn.).

Nous quitte vers le 10 septembre. Les chasseurs bourguignons lui donnent faussement le nom d'ortolan (1). — N., C.

FAMILLE XIII

CUCULIDÉS

GENRE UNIQUE. — Coucou (*Cuculus*).

140. — C. GRIS (*C. canorus*, Linn.).

« On l'appelle dans quelques cantons de la « Bourgogne *dinde sauvage* (2). »

On sait aujourd'hui, grâce aux observations de Levaillant et de M. H. Prevost, que la femelle du coucou pond souvent à terre, et qu'elle prend ensuite son œuf dans son bec pour le déposer dans le nid qu'elle a choisi.

M. Couturier a pu aussi constater ce fait intéressant, car trois années de suite il prit un œuf de coucou dans le nid d'un rouge-gorge établi sous une troche de noisetier. Le passage pour arriver à ce nid était si étroit, qu'il était impossible que le

---

(1) Voir le bruant ortolan, p. 43, n° 111.
(2) Buffon, t. II, p. 429, note (*a*), (art. de G. de Montbeillard).

coucou pût y pénétrer. Il avait donc nécessairement fallu qu'il y déposât son œuf au moyen de son bec. — N., C. C.

E. — Passereaux ténuirostres.

FAMILLE XIV

CERTHIADÉS

GENRE I. — **Sittelle** (*Sitta*).

141. — S. TORCHEPOT (*S. europæa*, Linn.).

    « Le nom de *torche-pot*, qu'on donne vulgaire-
« ment à cet oiseau, vient du nom bourguignon
« *torche-poteux*, qui signifie à la lettre *torche-*
« *pertuis*, et convient assez bien à notre oiseau à
« cause de l'art avec lequel il enduit et resserre
« l'ouverture du trou où il niche. Ceux qui ne
« connaissaient pas le patois bourguignon auront
« fait de ce nom celui de *torche-pot*, qui peut-être
« ensuite aura donné lieu de comparer l'ouvrage
« de la sittelle à celui d'un potier de terre (1). » —
« Séd., C. C.

GENRE II. — **Grimpereau** (*Certhia*).

142. — G. FAMILIER (*C. familiaris*, Linn.). — Séd. C.

GENRE III. — **Tichodrome** (*Tichodroma*).

143. — T. ÉCHELETTE (*T. phœnicoptera*, Temm.). —
Vulg. *papillon de roche*.

    Ce charmant oiseau nous arrive dans la der-

---

(1) Buffon, t. X, p. 202, note (*b*) (art. de G. de Montbeillard).

nière quinzaine de novembre et nous quitte vers
le 15 mars.

Pendant son séjour parmi nous il ne vit guère que
d'araignées.

Le 11 février 1864, j'en ai vu un qui avait été tué
à Velars contre les murs de la verrerie. Il faisait
alors très froid, — 5°.

M. Belin en a vu un grimpant contre les murs de
l'église Saint-Michel à Dijon. — Pass. régul., R.

FAMILLE XV

UPUPIDÉS

GENRE UNIQUE. — **Huppe** (*Upupa*).

144. — H. VULGAIRE (*U. epops*, Linn.).

Cet oiseau arrive dans les derniers jours de mars.
Le 31 mars 1861, on en a apporté au Musée un individu tué à Darcey. Il faisait alors un temps affreux,
neige et froid. Il repart en septembre. — N., C.

F. — Passereaux syndactyles.

FAMILLE XVI

MÉROPIDÉS

GENRE I. — **Guêpier** (*Merops*).

145. — G. VULGAIRE (*M. apiaster*, Linn.).

Un individu femelle, isolé, a été tué le 1er avril 1862
dans le clos Vougeot, par M. Roux, maître tonnelier,
qui en a fait don au Musée de la ville.

Il faisait alors un temps exceptionnellement chaud,
et la végétation était en avance au moins d'un mois
sur les autres années.

M. de Montbeillard avait déjà pu observer cet oiseau dans notre pays.

« Une petite troupe de ces oiseaux, dit-il (1),
« composée de dix à douze, arriva dans la vallée de
« Sainte-Reine, en Bourgogne, le 8 mai 1776; ils
« se tinrent toujours ensemble et criaient sans cesse
« comme pour s'appeler et se répondre : leur cri
« était éclatant sans être agréable, et avait quelque
« rapport avec le bruit qui se fait lorsqu'on siffle dans
« une noix percée ; ils le faisaient entendre étant
« posés et en volant ; ils se tenaient par préférence
« sur les arbres fruitiers qui étaient alors en fleurs
« et conséquemment fréquentés par les guêpes et
« les abeilles ; on les voyait souvent s'élancer de
« dessus leur branche pour saisir cette petite proie
« ailée : ils parurent toujours défiants et ne se lais-
« saient guère approcher; cependant on vint à bout
« d'en tuer un qui se trouva séparé des autres et
« perché sur un picéa, tandis que le reste de la
« troupe était dans un verger voisin : ceux-ci,
« effrayés du coup de fusil, s'envolèrent en criant
« tous à la fois, et se réfugièrent sur des noyers qui
« étaient dans un coteau de vignes peu éloigné ;
« ils y restèrent constamment sans reparaître dans
« les vergers, et au bout de quelques jours ils
« prirent leur vol pour ne plus revenir. » — Acc.,
R. R. R.

GENRE II. — **Rollier** (*Coracias*).

146. — R. COMMUN (*C. garrula*, Linn.).

Plusieurs captures de cet oiseau ont été faites dans la Côte-d'Or.

---

(1) Buffon, t. XII, p. 178-179 (art. de G. de Montbeillard).

1° Une femelle qui avait niché dans une ferme aux environs de Varois, y a été tuée au mois d'avril 184..., et donnée au Musée par M. Montoy.

2° Un mâle, tué à Chevigny-Saint-Sauveur au mois de mai par le garde Rolland, est conservé dans la collection du Seuil à Is-sur-Tille.

3° Un autre capturé à Marsannay-la-Côte au mois de septembre. Il était en mue.

4° Enfin, une femelle a été tuée le 8 août 1868 à Saint-Jean-de-Losne, par M. Poincelin-Fleurot qui en a fait don au Musée de la ville.

M. du Seuil cite encore un individu tué à Aiserey sur les bords du canal. — N. et pass. acc., R. R. R.

FAMILLE XVII

ALCEDINÉS

GENRE UNIQUE. — **Martin-pêcheur** (*Alcedo*).

147. — M.-P. ALCYON (*A. ispida*, Linn.). Vulg. *Pivert*.

« Son nom vient de martinet-pêcheur, qui était « l'ancienne dénomination française de cet oiseau « dont le vol ressemble à celui de l'hirondelle-« martinet, lorsqu'il file sur la terre ou sur les « eaux (1).

« On donne à cet oiseau desséché la propriété « de conserver les draps et autres étoffes de laine, « et d'éloigner les teignes ; son odeur de faux musc « pourrait peut-être écarter ces insectes.

« Comme son corps se dessèche aisément, on a « dit que jamais sa chair n'était attaquée de cor-« ruption (2). »

---

(1) Buffon, t. XIII, p. 242.
(2) Buffon, t. XIII, p. 262.

J'ai vu moi-même de ces oiseaux suspendus dans les armoires des gens de la campagne.

Au mois de septembre 1861, M. Bérard, alors naturaliste-préparateur rue Piron, à Dijon, m'a fait voir un martin-pêcheur âgé de trois mois et tout à fait familier.

M. Bérard tenait cet oiseau d'un nommé Febvre, cabaretier rue Vaillant, qui en avait élevé deux; l'autre avait été tué accidentellement. Celui dont il s'agit se laissait prendre sans difficulté, et venait même se poser sur l'épaule des personnes qui le soignaient.

On le nourrissait de petits poissons qu'il saisissait par le milieu du corps et qu'il frappait plusieurs fois par terre pour les tuer. Il rendait sous forme de petites pelotes les écailles et les arêtes de ces poissons. Il mangeait aussi très volontiers de la viande crue ou cuite. Au moment où on lui donnait sa nourriture, il faisait entendre un petit cri très aigu.

Quand il avait mangé, on le perchait sur un de ces pieds en bois sur lesquels on fixe les oiseaux empaillés, et il restait là plusieurs heures sans faire aucun mouvement.

Le Musée de Dijon possède un individu de cette espèce, d'un tiers plus petit que ses congénères. Sa longueur totale est de 0,16 centimètres au lieu de 0,21, qui est la taille ordinaire. Il n'y a pas de différence dans la longueur du bec. — Séd., C. C.

G. — *Passereaux fissirostres.*

FAMILLE XVIII

CHELIDONIDÉS

GENRE I. — **Hirondelle** (*Hirundo*).

148. — H. DE CHEMINÉE (*H. rustica*, Linn.).

Le 25 mars et le 14 avril peuvent être considérés comme les dates extrêmes de l'apparition de cet oiseau à Dijon. Les mâles arrivent en même temps que les femelles.

Ils nous quittent à la fin de septembre ou dans les premiers jours d'octobre.

Une variété albine avec taches de couleur rousse sous la gorge, et isabelle sur la tête, la partie supérieure des petites couvertures des ailes et le croupion, a été tuée le 14 août 1862, dans son jardin, par M. Grapin, notaire à Saint-Jean-de-Losne. Les autres hirondelles la pourchassaient, et leurs cris prévenaient de son approche.

M. Grapin l'a offerte au Musée.

Une autre variété ayant toute la partie supérieure d'une teinte cendrée, le cou roussâtre, la poitrine et le ventre légèrement teintés de roux, a été tuée en septembre 1861 à Neuilly-les-Dijon et donnée au Musée par M. Lion-Joly. — N., C. C. C.

149. — H. DE FENÊTRE (*H. urbica*, Linn.).

Arrive et repart environ quinze jours après l'espèce précédente.

M. le docteur Lépine a observé au mois de juillet 1865 que des hirondelles faisant leur deuxième couvée sous le porche de sa maison à Dijon, avaient transporté de leur nid à la cour, qui en est distante de treize mètres environ, un de leurs petits qui venait de mourir.

Il a remarqué aussi qu'elles enlèvent et laissent tomber à une certaine distance du nid les excréments de leurs jeunes.

Cette espèce aime à nicher dans le voisinage de l'homme. Cependant quelques couples construisent leurs nids sur les rochers qui avoisinent Bouilland, loin de toute habitation (du Seuil).

Une variété albine tuée dans la Côte-d'Or (Mus.). — N., C. C. C.

150. — H. DE RIVAGE (*H. riparia*, Linn.).

Niche dans les berges de l'Ouche et dans celles du Suzon, près de Vantoux.

Elle est très commune sur la Tille, à Marcilly, dit M. du Seuil. Elle y niche dans des trous qu'elle pratique au moyen de ses pieds ; ces excavations sont si nombreuses qu'elles se touchent comme les pots dans lesquels les pigeons pondent dans les colombiers. — N., C.

GENRE II. — **Martinet** (*Cypselus*).

151. — M. NOIR ou DE MURAILLES (*C. apus*, Illig.).

Cet oiseau arrive à Dijon vers la fin d'avril (1) ou dans les premiers jours de mai et en repart dès le 15 juillet ; il est excessivement rare de voir encore au 1ᵉʳ août quelques retardataires.

Ces oiseaux sont littéralement couverts d'un parasite de l'ordre des diptères, l'*Anapera pallida* (Meigen) (2). Toussenel (3) dit qu'il se sert de

---

(1) Par exception, on l'a vu cette année (1869) le 11 avril.
(2) Macquart, *Diptères*, t. II, p. 641.
(3) Toussenel, t. II, p. 319.

ses quatre doigts dirigés en avant pour se débar-
rasser de cette vermine.

« Les martinets sont bons à manger, comme tous
« les autres oiseaux de la même famille, lorsqu'ils
« sont gras ; les jeunes surtout, pris au nid, passent
« en Savoie et en Piémont pour un morceau délicat.
« Les vieux sont difficiles à tirer à cause de leur vol
« également élevé et rapide ; mais comme, par un
« effet de cette rapidité même, ils ne peuvent aisé-
« ment se détourner de leur route, on en tire parti
« pour les tuer, non seulement à coups de fusil,
« mais à coups de baguette ; toute la difficulté est
« de se mettre à portée d'eux et sur leur passage,
« en montant dans un clocher, sur un bastion, après
« quoi il ne s'agit plus que de les attendre et de leur
« porter le coup lorsqu'on les voit venir directement
« à soi (1).

« On en tue beaucoup de cette manière, ajoute
« Gueneau de Montbeillard, dans la petite ville que
« j'habite (Semur), surtout de ceux qui nichent sous
« le cintre du portail de l'église (2). » — N.,
C. C. C.

152. — M. A VENTRE BLANC (*C. alpinus*, Temm.).

Niche quelquefois près de Nolay, dans les rochers
de la Tournée. — N., R. R.

GENRE III. — **Engoulevent** (*Caprimulgus*).

153. — E. VULGAIRE (*C. europæus*, Linn.).

Vulg. *souache-crapaud*, à Saulieu où on le chasse
au crépuscule pendant le mois de juillet, sur les

---

(1) Buffon, t. XII, p. 412-413.
(2) Buffon, t. XII, p. 413, note (*a*).

promenades et sur les routes plantées de tilleuls, alors que ces arbres sont en fleurs et attirent ainsi un grand nombre d'insectes dont il se nourrit.

M. Fénéon, de Saulieu, qui a fait cette chasse, m'écrivait qu'il en tuait environ trois douzaines par an.

C'est un délicieux manger. — N., C. C.

ORDRE III

PIGEONS

FAMILLE UNIQUE

COLOMBIDÉS

GENRE UNIQUE. — Pigeon (*Columba*).

154. — C. RAMIER (*C. palumbus*, Linn.). — N., C.

155. — C. BISET (*C. livia*, Briss.).

Cette espèce est la souche de nos pigeons de colombier. — Acc., R.

156. — C. TOURTERELLE (*C. turtur*, Linn.). — N., C. C.

157. — C. COLOMBIN (*C. œnas*, Linn.). — Acc., R. R.

ORDRE IV

GALLINACÉS

FAMILLE I
TÉTRAONIDÉS

GENRE UNIQUE. — **Tetras** (*Tetrao*).

158. — T. AUERHAN (*T. urogallus*, Linn.). Vulg. *coq de bruyère.*

« Un grand tétras, coq de bruyère, a été tué à « Vernot en 1854.

« Plusieurs années auparavant on en avait déjà « tué quelques-uns dans la même localité. »

J'ai trouvé ce renseignement dans une note sans signature qui avait été adressée à mon prédécesseur, M. Nodot. — Acc., R. R. R.

FAMILLE II
PERDICIDÉS

GENRE UNIQUE. — **Perdrix** (*Perdix*).

159. — P. GRISE (*P. cinerea*, Briss.).

Il y a une race particulière connue sous les noms de *petite perdrix grise* (Buff.), de *perdrix de passage* et de *roquette.*

« On en voit quelquefois, dans la Brie et ailleurs, « passer par bandes très nombreuses, et poursuivre « leur chemin sans s'arrêter.

« Un chasseur des environs de Montbard qui « chassait à la chanterelle, au mois de mars der- « nier (1770), en vit une volée de cent cinquante ou « deux cents, qui parut se détourner, attirée par le

« cri de la chanterelle, mais qui, dès le lendemain,
« avait entièrement disparu. Ce seul fait, qui est
« très certain, annonce et les rapports et les diffé-
« rences qu'il y a entre ces deux perdrix ; les rap-
« ports, puisque ces perdrix étrangères furent
« attirées par le chant d'une perdrix grise ; les
« différences, puisque ces étrangères traversèrent
« si rapidement un pays qui convient aux perdrix
« grises et même aux rouges, les unes et les autres
« y demeurant toute l'année ; et ces différences sup-
« posent un autre instinct et par conséquent une
« autre organisation, et au moins une autre race (1). »

Magné de Marolles (2) en parle ainsi :

« Outre la perdrix grise, il y en a une autre espèce
« appelée communément *roquette*, qui est de passage
« et qu'on ne rencontre pas fréquemment ; elle vole
« plus haut, plus loin, et se laisse plus difficilement
« approcher.

« Elle est plus petite que l'autre et en diffère
« encore par le *bec qu'elle a plus allongé*, et par la
« couleur des pieds qui sont jaunes.

« On voit ces perdrix le plus souvent par bandes
« de trente, quarante, cinquante et plus, et on ne les
« rencontre guère que dans l'arrière-saison. »

M. Léon Bertrand dit n'en avoir tué qu'une seule
il y a sept ou huit ans, à quelques lieues de Sens, en
Bourgogne, au milieu d'un champ de sarrazin ou
blé noir (3).

Blaze dit qu'il a souvent entendu parler de cette
perdrix plus petite que les autres, et que l'on dit être

(1) Buffon, t. IV, p. 192-193.
(2) La *Chasse au fusil*, p. 264, Paris, 1836.
(3) *Journal des chasseurs*, t. I, p. 122.

un oiseau de passage; mais il avoue qu'il ne la connaît pas et qu'il n'en a jamais vu (1). — Séd., C. C. C.

160. — P. ROUGE (*P. rubra*, Briss.).

Cette espèce, commune dans toute la partie montagneuse du département, varie beaucoup pour la taille; quelques-unes sont souvent plus petites que la perdrix grise. C'est aux sujets les plus gros que les chasseurs donnent à tort le nom de bartavelle, cette dernière espèce ne se rencontrant jamais dans la Côte-d'Or. — Séd., C. C.

161. — P. CAILLE (*P. cothurnix*, Linn.).

Une variété albine tuée aux environs de Dijon (Mus.). — N., C. C. C.

ORDRE V

ECHASSIERS

A. — *Echassiers pressirostres.*

FAMILLE I
OTIDÉS

GENRE I. — **Outarde** (*Otis*).

162. — O. BARBUE (*O. tarda*, Linn.

« Dans notre pays on n'en voit que l'hiver, dit « Buffon, qui plus loin ajoute en avoir vu deux à

---

(1) Blaze, *Le Chasseur au chien d'arrêt*, p. 191, Paris, 1839,

« différentes fois, dans une partie de la Bourgogne
« fertile en blé, et cependant montagneuse (environs
« de Montbard), et cela en hiver et par un temps de
« neige (1). »

M. du Seuil, d'Is-sur-Tille, m'a dit que trois de ces
oiseaux avaient passé l'hiver de 1815 à Cressey-sur-
Tille, et qu'on les voyait le plus souvent près du
pont.

L'individu (mâle) qui est conservé au Musée d'histoire naturelle a été tué dans la plaine de Longvic,
entre les fermes de la Noue et de Romeley. — Acc.,
R. R. R.

163. — O. CANEPETIÈRE (*O. tetrax*, Linn.).

Plusieurs, mais toujours des jeunes, ont été ache-
tées sur le marché de Dijon. J'en ai vu une il y a
quelques années, dans le mois de septembre, près de
la ferme de Romeley. — Acc., R. R. R.

GENRE II. — Coure-Vite (*Cursorius*).

164. — C. — V. ISABELLE (*C. Isabellinus*, Lath.).

Cet oiseau a été observé une fois au printemps
par M. du Seuil, sur les bords de la Saône.

Un individu, probablement tué dans la Côte-d'Or,
a été acheté sur le marché de Dijon (Mus.). — Acc.,
R. R. R.

––––––––––

(1) Buffon, t. III, p. 32, note (*b*).

FAMILLE II

CHARADRIDÉS

GENRE I.— **Œdicnème** (*Œdicnemus*).

165. — ŒE. CRIARD (*ŒE. crepitans*, Temm.). C'est le grand pluvier de Buffon. Vulg. *courlis de terre*.

Commun sur les plateaux dénudés des montagnes du département, sur lesquels il se tient en troupes pendant l'automne. — N., C.

GENRE II. — **Pluvier** (*Charadrius*).

166. — P. DORÉ (*Ch. pluvialis*, Linn.). — Pass. régul., C.

167. — P. GUIGNARD (*Ch. morinellus*, Linn.). — Pass. régul., R. R.

168. — G. P. A COLLIER (*Ch. hiaticula*, Linn.). — Pass. régul. (sur les bords de la Saône), R.

169. — P. P. A COLLIER (*Ch. minor*, Meyer et Wolf).

N. sur les bords de la rive gauche de l'Ouche, entre le Parc et Longvic.

On l'appelle *grualer* sur les bords de la Saône et du Doubs. — N., C.

170. — P. A COLLIER INTERROMPU (*Ch. cantianus*, Lath.). — Acc., R. R.

GENRE III. — **Huitrier** (*Hœmatopus*).

171. — H. PIE (*H. ostralogus*, Linn.). — Acc., R. R.

GENRE IV. — **Vanneau** (*Vanellus*).

172. — V. PLUVIER ou V. SUISSE (*V. melanogaster*, Bechst.). — Acc., R.

173. — V. HUPPÉ (*V. cristatus*, Meyer).

Plusieurs paires nichaient autrefois chaque année dans les marais de Magny. — N., C. C.

B. — Echassiers cultirostres.

FAMILLE III

GRUIDÉS

GENRE UNIQUE. — **Grue** (*Grus*).

174. — G. COMMUNE (*G. cinerea*, Bechst.).

Un jeune individu a été abattu le 26 octobre 1863 à Bourbilly (Côte-d'Or).

Un vieux mâle a été tué à Turley, au passage du printemps, par M. A. Fénéon, de Semur.

M. Belin en a monté un jeune acheté au marché de Dijon le 31 mars 1865 (le temps était alors extraordinairement froid), et un autre qui avait été tué dans les premiers jours de novembre de la même année.

Quoique cet oiseau soit très commun à son double passage, on en tue très peu dans notre département. M. du Seuil dit que presque tous les individus qui se trouvent dans les collections ont été tués aux environs de Seurre. — Pass. régul., C. C.

FAMILLE IV

ARDÉIDÉS

GENRE I. — **Héron** (*Ardea*).

175. — H. CENDRÉ (*A. cinerea*, Linn.).

Cet oiseau a été excessivement abondant pendant l'hiver de 1861.

On en tue beaucoup en temps de neige, car ils se laissent alors très facilement approcher, ce qui est presque impossible en temps ordinaire. — N., C. C.

176. — H. POURPRÉ (*A. purpurea* , Linn.). — Acc., R. R.

177. — H. AIGRETTE (*A. egretta*, Linn.).

« Un de ces oiseaux, tué par M. Hébert, en Bour-
« gogne, à Magny, sur les bords de la Tille, le
« 9 mai 1778, avait tous les caractères de la jeu-
« nesse, et particulièrement ces couleurs brunes de
« la livrée du premier âge (1). »

Un individu femelle, en plumage de noces, a été tué sur les bords de la Saône le 17 avril 1867. Il avait une fracture peu ancienne du tarse dans sa partie médiane, en voie de consolidation.

Les trois œufs qu'il devait pondre étaient déjà très développés.

Suivant M. du Seuil, on l'a observé voyageant de compagnie avec le héron cendré, et un individu a été tué à Auxonne dans ces conditions. — Acc., R. R.

178. — H. GARZETTE (*A. garzetta*).

Un mâle tué le 27 juin 1868, sur les bords de la Saône, à Saint-Jean-de-Losne, et conservé au Musée.

Quelques individus tués sur la Saône, aux environs de Seurre (du Seuil). — Acc., R. R.

179. — H. VERANY (*A. Veranyi*, Roux).

Héron garde-bœuf, de Degland. — Acc., R. R.

---

(1) Buffon, t. XIII, p. 97.

180. — H. CRABIER (*A. comata*, Pallas).

Un individu tué à Billy, dans le parc de M. Ph. Cousturier, en 1857, et conservé dans sa collection.

Un autre tué le 25 mai 1862, près du moulin de Rougemont, entre Marcilly et Thil-Châtel. (Renseignement communiqué par M. Bachet, ancien voyer de la ville.) — Acc., R. R.

181. — H. BUTOR (*A. stellaris*, Linn.). — N., C.

182. — H. BLONGIOS (*A. minuta*, Linn.).

Place son nid sur les têtes de saules. — N., C.

183. — H. BIHOREAU (*A. nycticorax*, Linn.).

« Plusieurs individus ont été pris dans les environs de Fauverney, aux passages du printemps et de l'automne de la même année ; d'autres ont été tués aux étangs de la Cange ; mais leur apparition n'est pas régulière, et souvent on est plusieurs années sans en voir dans nos contrées. Ils s'arrêtent volontiers dans les lieux plantés de peupliers, et on les voit souvent perchés à la cime de ces arbres. » (Du Seuil.) — N., R.

GENRE II. — **Cigogne** (*Ciconia*).

184. — C. BLANCHE (*C. alba*, Briss.).

Un mâle adulte a été tué le 7 mars 1863 à Vantoux ; il était seul. Il est conservé au Musée. La face interne de la peau de cet oiseau est d'un beau rouge orangé. Je ne sais si cette particularité a été déjà signalée.

Très abondante à son double passage du printemps et de l'automne. Ce dernier, que j'ai pu souvent observer, a toujours lieu très régulièrement dans la première quinzaine d'août.

Un couple de ces oiseaux avait, au mois d'avril 1866, commencé son nid au sommet d'une des cheminées de la maison Viallet, à Auxonne. La construction de ce nid n'a pas été continuée.

Peut-être l'un de ces oiseaux a-t-il été tué, peut-être encore, comme l'ont supposé quelques personnes, faut-il attribuer cet abandon à l'insuffisance de l'emplacement (1). — Pass. régul., C. C.

185. — C. NOIRE (*C. nigra*, Bechst.).

Un mâle a été tué par M. le Dr Tarnier dans les marais de Magny-sur-Tille. Il est conservé dans la collection de M. Lacordaire, à Burgile (Doubs).

Une femelle a été tuée dans la même localité par M. Buchillot, naturaliste à Metz. (Collection de M. Douillier, à Port-sur-Saône.)

Enfin un mâle blessé a été trouvé par M. le docteur Fourrat, sur la Voie romaine, près de la ferme de Sans-Fonds, commune de Fénay, et donné par lui au Musée de la ville. — Acc., R. R.

GENRE III. — Spatule (*Platalea*).

186. — S. BLANCHE (*P. leucorodia*, Linn.).

Un individu tué à Labergement-les-Seurre.

Une femelle tuée sur les bords de la Saône, à Auxonne, le 27 février 1867.

Un troisième (jeune âge) acheté au marché de Dijon. — Acc., R. R. R.

---

(1) V. l'*Echo Bourguignon* d'Auxonne, n° du 29 avril 1866.

C. — *Echassiers longirostres.*

FAMILLE V

SCOLOPACIDÉS

GENRE I. — **Ibis** (*Ibis*).

187. — I. FALCINELLE (*I. falcinellus*, Linn.).

Le courlis vert de Buffon.

Un individu tué aux environs de Viévigne le 17 mai 1861 (Mus.). J'ai trouvé dans le gésier de cet oiseau des larves de libellules.

« Cette espèce, dit M. du Seuil, n'a encore été « observée dans notre département qu'au passage « du printemps ; un individu tué au-dessus du pont « d'Auxonne, plusieurs autres au Châtelet ; Seurre « eut aussi sa part dans cette apparition ; mais de-« puis plusieurs années ils n'ont pas reparu. » — Acc., R. R. R.

GENRE II. — **Courlis** (*Numenius*).

188. — C. CENDRÉ (*N. arcuata*, Linn.). — Pass. régul., C.

189. — C. CORLIEU (*N. phacophus*, Lath.).

Le petit courlis de Buffon. — Pass. irrégul., R.

190. — C. A BEC GRÊLE (*N. tenuirostris*, Vicill.) (1). — Acc., R. R.

GENRE III. — **Barge** (*Limosa*).

191. — B. A QUEUE NOIRE (*L. ægocephala*, Linn.). — De pass. sur les bords de la Saône, R.

---

(1) Il a niché aux environs de Chalon-sur-Saône (Nodot).

192. — B. ROUSSE (*L. rufa*, Briss.). — Acc., R. R.

GENRE IV. — **Chevalier** (*Totanus*).

193. — C. ABOYEUR (*T. glottis*, Temm.). — Acc., C.

194. — C. ARLEQUIN (*T. fuscus*, Linn.).
Barge brune de Buffon. — Pass. régul., C.

195. — C. AUX PIEDS ROUGES ou GAMBETTE (*T. ca-
lidris*, Linn.).

En plumage d'été, c'est le chevalier à pieds rouges,
et en plumage d'hiver, c'est le chevalier rayé de
Buffon.

On l'appelle *courrier* sur les bords de la Saône.—
Pass. régul., C.

196. — C. STAGNATILE (*T. stagnatilis,* Bechst). — Acc.,
R. R.

197. — C. SYLVAIN (*T. glareola*, Linn.). — Acc., R.

198. — C. CUL-BLANC (*T. ochropus*, Linn.).
Le bécasseau de Buffon. — N., C. C.

199. — C. GUIGNETTE (*T. hypoleucos*, Linn.).

Le 12 septembre 1863, un individu (jeune âge) a
été tué sur les bords du ruisseau qui traverse le jardin des plantes de Dijon. — N., C. C.

GENRE V. — **Combattant** (*Machetes*).

200. — C. ORDINAIRE (*M. pugnax*, Linn.). — Pass. régul., C.

GENRE VI. — **Bécasse** (*Scolopax*).

201. — B. ORDINAIRE (*S. rusticola*, Linn.).
Une variété jaune a été tuée dans les environs de
Semur.

Cette année (1869), qui fut exceptionnelle sous le rapport de la prolongation de l'hiver, puisqu'il neigeait encore le 4 avril, un nid de cet oiseau contenant trois œufs a été trouvé dans les bois de Longecourt le 19 mars.

M. Couturier m'écrivait qu'il avait été témoin, il y a quelques années, d'un fait très curieux. Étant au balivage avec d'autres de ses collègues, une bécasse se leva devant eux emportant un de ses petits entre ses pattes et ses jambes, et fut le poser à une quarantaine de mètres de là. Deux autres petits furent trouvés à l'endroit d'où la mère était partie. — N., C. C.

202. — B. DOUBLE (*S. major*, Linn.). — Acc., R. R.

203. — B. ORDINAIRE (*S. gallinago*, Linn.). — N., C. C.

204. — B. SOURDE (*S. gallinula*, Linn.). — Pass. régul., C. C.

Genre VII. — Bécasseau (*Tringa*).

205. — B. COCORLI (*T. subarcuata*, Temm.).

Alouette de mer de Buffon.

Quelquefois sur les bords de la Saône à la fin d'août. — Acc., R.

206. — B. BRUNETTE ou VARIABLE (*T. variabilis*, Mey.).

Sur les bords de la Saône au printemps et en automne. — Pass. régul., C.

207. — B. TEMMIA (*T. Temminckii*, Leisl.).

Sur les sables, entre Longvic et le Parc. — Acc., R.

208. — B. ÉCHASSES (*T. minuta*, Leisl.). — Acc., R.

209. — B. CANUT ou MAUBÈCHE (*T. cinerea*, Linn.).—
cc., AR.

GENRE VIII. — **Échasse** (*Himantopus*).

210. — É. A MANTEAU NOIR (*H. melanopterus*, Mey.).
On la trouve quelquefois dans les marais des environs de Châtillon, et notamment devant Potières
(du Seuil). — Acc., R. R.

GENRE IX. — **Sanderling** (*Arenaria*).

211. — S. VARIABLE (*C. arenaria*, Illig.). — Acc.,
R. R.

GENRE X. — **Tourne-pierre** (*Strepsilas*).

212. — T.-P. A COLLIER (*S. collaris*, Temm.).
Sur les bords de la Saône, fin d'août et septembre.
— Acc., R.

GENRE XI. — **Phalarope** (*Phalaropus*).

213. — P. HYPERBORÉ (*P. hyperboreus*, Lath.).
Phalarope cendré ou phalarope de Sibérie, de
Buffon.
Un individu tué près de Vitteaux. — Acc., R. R.

214. — P. PLATYRHINQUE (*P. platyrinchus*, Temm.).
Phalarope à festons dentelés de Buffon.
Un individu tué près de Dijon. — Acc., R. R.

D. — Echassiers palmipèdes.

FAMILLE VI

RÉCURVIROSTRIDÉS

GENRE UNIQUE. — **Avocette** (*Recurvirostra*).

215. — A. A NUQUE NOIRE (*R. avocetta*, Linn.).

Deux femelles tuées le 30 mars 1865 sur les bords de la Saône; elles étaient seules. Il y avait alors de la neige, et depuis quelques jours la température était de 4 à 6 degrés au-dessous de zéro.

Une femelle, aussi tuée sur la Saône le 29 mars 1866, a été donnée au Musée par M. Thunot, marchand de gibier à Dijon.

Un individu tué sur les bords de la Bouzoise, à Beaune (du Seuil). — Acc., R. R.

E. — Echassiers macrodactyles.

FAMILLE VII

RALLIDÉS

GENRE I. — **Râle** (*Rallus*).

216. — R. D'EAU (*R. aquaticus*, Linn.). — N., C. C.

217. — R. DE GENÊT (*R. crex*, Linn.). — Vulg., *roi de cailles.*

Arrive vers le 15 septembre dans nos environs. Il y en eut relativement beaucoup en 1862, les prairies artificielles étant magnifiques, ce qui leur fit prolonger leur séjour. — N., C.

218. — R. MAROUETTE (*R. porzana*, Linn.).
Marais de Champfort près Pontailler. — N., C.

219. — R. POUSSIN (*R. pusillus*, Pall.).
Etangs de Saint-Léger. — N., R.

220. — R. BAILLON (*R. Baillonii*, Vieill.). — N., R.

GENRE II. — **Poule d'eau** (*Gallinula*).

221. — P. D'EAU ORDINAIRE (*G. chloropus*, Lath.). —
Séd., C. C.

GENRE III. — **Foulque** (*Fulica*).

222. — F. MACROULE (*F. atra*, Linn).
La foulque et la macroule de Buffon. Vulg. *ju-delle*. — N., C. C.

ORDRE VI

PALMIPÈDES

A. — Palmipèdes longipennes.

FAMILLE I

LARIDÉS

GENRE I. — **Stercoraire** (*Stercorarius*).

223. — S. POMARIN (*S. pomarinus*, Vieill.).
Un individu (jeune âge), tué le 5 décembre 1848
dans le département, a été donné au Musée par
M. Liégeard. — Acc., R. R.

224. — S. DES ROCHERS (*S. ceppus*, Degl.). — Acc.,
R. R.

GENRE II. — **Goeland** (*Larus*).

225. — G. BRUN (*L. fuscus*, Linn.).

Goeland à pieds jaunes de Temminck.

Un individu (jeune âge) tué à Grancey-le-Château par M. Ally, le 16 septembre 1868. — Acc., R. R.

226. — G. CENDRÉ (*L. canus*, Linn.).

Mouette à pieds bleus de Temminck. — Acc., R.

227 — G. TRIDACTYLE (*L. tridactylus*, Linn.).

Mouette tridactyle de Temminck.

Dans les premiers jours du mois de février 1860, on tua beaucoup de ces oiseaux dans le département. Ils étaient tellement épuisés par un long jeûne qu'ils se laissaient prendre à la main. On en trouva même beaucoup de morts dans la campagne, aux environs de Dijon : un individu fut ramassé près de la ferme de la Maladière, un autre se laissa prendre par un chien à Montmusard. On en tua surtout beaucoup à Mâlain, à Sombernon et à Gemeaux. Un de ceux tués dans ce dernier village est conservé au Musée.

J'en ai vu sept chez M. Belin, préparateur du Musée. M. Bérard, alors naturaliste-préparateur, rue Piron, en monta quatorze.

Ce passage se fit également dans le département de Saône-et-Loire. Sur un très grand nombre de sujets dont le sexe a été constaté, il ne s'est rencontré qu'un seul mâle (1).

---

(1) Proteau, *Catalogue des oiseaux* observés dans l'arrondissement d'Autun pendant le cours des années 1844 à 1860, dans les publications de la Société Eduenne. (*Mémoires d'histoire naturelle*, t. 1, p. 274.)

M. Brocard (1) dit qu'en 1852 on en tua plusieurs sur le Doubs et sur l'Ognon. — Acc., C. C.

228. — G. RIEUR (*L. ridibundus*, Linn.). — Mouette rieuse de Buffon. — Acc., C. C.

229. — G. PYGMÉE (*L. minutus*, Pall.). — Acc., R. R.

GENRE III. — **Sterne** (*Sterna*).

230. — S. TSCHEGRAVA (*S. caspia*, Pall.).
Un individu tué à Seurre. — Acc., R. R.

231. — S. CAUGEK (*S. cantiaca*, Gmel.). — Acc., R. R.

232. — S. PIERRE-GARIN (*S. hirundo*, Linn.). — Acc., C.

233. — S. ARCTIQUE (*S. macrura*, Naum.). — Acc., R. R.

234. — S. LEUCOPTÈRE (*S. leucoptera*, Temm.).—Acc., R. R.

235. — S. PETITE (*S. minuta*, Linn.). — Acc., R. R.

236. — S. ÉPOUVANTAIL (*S. fissipes*, Linn.). — Acc., C. C.

GENRE IV. — **Puffin** (*Puffinus*).

237. — P. OBSCUR (*P. obscurus*, Less.). — Acc., R. R.

GENRE V. — **Thalassidrome** (*Thalassidroma*).

238. — T. TEMPÊTE (*T. pelagica*, Ch. Bon.).
Un individu tué au bas de la ferme de Mauvelin, près Vitteaux. — Acc., R.

239. — T. DE LEACH (*T. Leachii*, Ch. Bon.).
Un individu tué sur la Saône, et un autre dans les environs de Vitteaux. — Acc., R. R.

---

(1) *Cat. des oiseaux du Doubs*, p. 8, 1857.

B. — Palmipèdes totipalmes.

FAMILLE II
PÉLÉCANIDÉS

Genre I. — **Pélican** (*Pelicanus*).

240. — P. BLANC (*P. onocrotalus*, Linn.).
Deux captures de cet oiseau dans la Côte-d'Or ;
l'une près de Saulieu. — Acc., R. R. R.

Genre II. — **Cormoran** (*Phalacrocorax*).

241. — C. ORDINAIRE (*P. carbo*, G. Cuv.).
Un jeune acheté au marché de Dijon en janvier
1861.
Un mâle adulte tué à Auxonne à la fin du mois de
février 1869. — Acc., R. R.

C. — Palmipèdes lamellirostres.

FAMILLE III
ANATIDÉS

Genre I. — **Oie** (*Anser*).

242. — O. CENDRÉE ou PREMIÈRE (*A. ferus*, Linn.).
— Acc., C.

243. — O. SAUVAGE ou VULGAIRE (*A. segetum*, Gmel.).
— Pass. régul., C. C.

244. — O. RIEUSE ou A FRONT BLANC (*A. albifrons*,
Gmel.). — Acc., R. R.

245. — O. CRAVANT (*A. bernicla*, Linn.). -- Acc., R. R.

246. — O. BERNACHE (*A. erythropus*, Linn.).

A été observée par M. du Seuil, pendant certains hivers rigoureux. — Acc., R. R. R.

GENRE II. — **Cygne** (*Cygnus*).

247. — C. SAUVAGE (*C. ferus*, Linn.). — Acc., R.

248. — C. DE BEWICH (*C. Bewkii*, Yarrell.). — Acc., R. R. R.

GENRE III. — **Canard** (*Anas*).

249. — C. TADORNE (*A. tadorna*, Linn.). — Acc., R. R,

250. — C. SAUVAGE (*A. boschas*, Linn.).

Cet oiseau s'habitue très bien dans une demi-domesticité, et, comme les pigeons, revient fidèlement aux lieux où il a été élevé. M. Muteau, premier président, avait emporté à son château de Torpes (Doubs) des canards sauvages ordinaires élevés dans son parc, rue du Gaz, à Dijon ; le lendemain ils y étaient revenus.

251. — C. CHIPEAU ou RIDENNE (*A. strepera*, Linn.). — Acc., R.

252. — C. PILET (*A. acuta*, Linn.).

Canard à longue queue de Buffon. — Pass. régul., C.

253. — C. SIFFLEUR (*A. penelope*, Linn.).

On l'appelle *petit mion* sur les bords de la Saône.

C'est un des canards auxquels les chasseurs et les marchands de gibier donnent le nom de *rougeot*, et qui sont : le milouin, le morillon, le siffleur et le ridenne. Ce dernier est surtout appelé *rougeot gris*, et *aile blanc* dans le midi. — N., C. C.

254. — C. SOUCHET (*A. clypeata*, Linn.).

    Cane-poche sur les bords de la Saône. — N., C.

255. — C. SARCELLE (*A. querquedula*, Linn.).

    La sarcelle commune ou sarcelle d'été de Buffon.
— N., C. C.

256. — C. SARCELLINE (*A. crecca*, Linn.).

    La petite sarcelle ou sarcelle d'hiver de Buffon. —
N., C.

257. — C. GARROT (*A. clangula*, Linn.).

    M. du Seuil l'a vu sur la Saône, voyageant en
grandes troupes, les mâles d'un côté, et les femelles
d'un autre. — Pass. régul., C.

258. — C. MILOUINAN (*A. marina*, Linn.). — Pass. irrégul., R.

259. — C. MILOUIN (*A. ferina*, Linn.).

    Grand mion, grand rougeot, sur les bords de la
Saône. — Pass. régul., C.

260. — C. DOUBLE MACREUSE (*A. fusca*, Linn.). —
Acc., R. R.

261. — C. MACREUSE (*A. nigra*, Linn.).

    Les sujets de cette espèce et de la précédente tués
sur la Saône, étaient presque toujours des jeunes.
— Acc., R.

262. — C. MORILLON (*A. fuligula*, Linn.). — Pass. régul., C.

263. — C. NYROCA (*A. leucophthalmos*, Bechst.). —
Pass. régul., C.

GENRE IV. — Harle (*Mergus*).

264. — H. VULGAIRE (*M. merganser*, Linn.).

    Deux individus tués sur la Saône à Auxonne le

14 janvier 1861, un mâle et une femelle adultes. Le thermomètre était alors à — 10°. — Acc., R.

265. — H. HUPPÉ (*M. serrator*, Linn.).

Excessivement rare à l'état adulte dans notre département. On en voit de temps en temps quelques jeunes sur la Saône au passage du printemps (du Seuil). — Acc., R.

266. — H. PIETTE (*M. albellus*, Linn.). — Acc., R.

D. — *Palmipèdes brachyptères.*

FAMILLE IV

COLYMBIDÉS

GENRE I. — **Plongeon** (*Colymbus*).

267. — H. IMBRIM (*C. glacialis*, Linn.).

Deux furent tués sur la Saône, et un sur le réservoir de Sercey, toujours des jeunes. — Acc., R. R. R.

268. — P. CAT-MARIN (*C. septentrionalis*, Linn.).

Toujours des jeunes. — Acc., R.

269. — P. LUME (*C. arcticus*, Linn.).

Toujours des jeunes. — Acc., R. R. R.

GENRE II. — **Grèbe** (*Podiceps*).

270. — G. HUPPÉ (*P. cristatus*, Lath.).

J'en ai un qui avait été tué sur un étang à Montmain, près Nuits, le 23 mars 1865; c'était une femelle.

Une autre femelle a été tuée sur la Saône, le 30 mars de cette même année. Cet oiseau ne passe

ordinairement que dans le mois d'avril, et cette année
le mois de mars a été exceptionnellement froid. Il y
eut à la fin du mois de mars de cette année (1869)
un passage considérable de ces oiseaux sur la Saône.
On en tua plusieurs entre Auxonne et Lamarche, et
cinq furent montés par M. Gibourg. — Acc., R.

271 — G. JOUGRIS (*P. rubricollis*, Lath.). — Acc., R.
R. R.

272. — G. ESCLAVON (*P. cornutus*, Lath.). — Acc.,
R. R.

273. — G. OREILLARD (*P. auritus*, Lath.). — N., C.

274. — G. CASTAGNEUX (*P. minor*, Lath.). — Séd.,
C. C.

TABLE ALPHABÉTIQUE

A

B

C

G

H

O

P

R

S

Dijon. — Imprimerie J.-E. Rabutot.

DU MÊME AUTEUR :

Lettres de George Cuvier à C.-M. Pfaff, sur l'Histoire naturelle, la Politique et la Littérature ; 1788 à 1792 (traduction de l'allemand); 1 vol. grand in-18, avec une planche.

Flore mythologique, ou Traité de la connaissance des Plantes dans leurs rapports avec la mythologie et la symbolique des Grecs et des Romains, par le Dr J.-H. DIERBACH (traduction de l'allemand); 1 vol. in-8°.

De la Culture de la Vigne et des Arbres fruitiers chez les Romains, par J. SCHNEYDER (traduction de l'allemand); 1 vol. in-8°.

Notice sur une Parure en coquillages trouvée à Dijon; br. grand in-4°, avec deux planches. 2° édition.

Description de Disques en pierre de diverses localités, suivie d'un Essai de détermination de l'usage auquel ils étaient destinés; br. grand in-4°, avec une planche.

Notice sur divers Instruments en pierre, os et corne de cerf de l'époque des palafittes ou constructions lacustres, trouvés dans la Saône; br. grand in-4°, avec trois planches.

Dijon, imp. J.-E. Rabutot.

www.ingramcontent.com/pod-product-compliance
Lightning Source LLC
Chambersburg PA
CBHW071105210326
41519CB00020B/6176